U0337223

大贱年

1943年卫河流域战争灾难口述史

周边地区卷

王　选◎主编

中国文史出版社

图书在版编目（CIP）数据

大贱年：1943年卫河流域战争灾难口述史 . 周边地区卷 /
王选主编 . —北京：中国文史出版社，2015.12
ISBN 978-7-5034-7207-7

Ⅰ.①大… Ⅱ.①王… Ⅲ.①灾害 – 史料 – 山东省 – 1943
Ⅳ.①X4-092

中国版本图书馆 CIP 数据核字（2015）第 297944 号

丛书策划编辑：王文运
本卷责任编辑：王文运
装 帧 设 计：王 琳　瀚海传媒

出版发行：中国文史出版社

社　　址：北京市西城区太平桥大街 23 号　　邮编：100811
电　　话：010 - 66173572　66168268　66192736（发行部）
传　　真：010 - 66192703
印　　装：北京中科印刷有限公司
经　　销：全国新华书店
开　　本：787mm × 1092mm　1/16
印　　张：9.5
字　　数：134 千字
版　　次：2017 年 9 月北京第 1 版
印　　次：2017 年 9 月第 1 次印刷
定　　价：860.00 元（全 12 册）

《大贱年——1943年卫河流域战争灾难口述史》
编 委 会

目 录

河北省邯郸市

采访时间： 2007 年 7 月 15 日
采访地点： 邯郸市地委家属院
采 访 人： 聊城大学学生
被采访人： 李长山（原鸡泽县委书记）

我是 1944 年参加工作的，1943 年还没参加工作。

1942 年、1943 年两年大灾荒。最厉害的是 1942 年，1943 年就下雨了，大名好一些，逃荒都往大名逃，最重的是邱县，邱县的日本鬼子都被饿跑了，邱县、曲周、鸡泽（的日军）都跑了，邱县全县都没有日本鬼子了，老百姓也都逃荒了。

先旱，后下雨。那个玉米啊，都下苞了。

霍乱病有，死的人多了。我十五六岁吧，虚岁 16 岁。开始是旱，后来又下雨，死人可不少。发烧，拉肚子，上吐下泻。传染病，一传染一下子。土医生治，在腿腕儿扎，流黑血，放血。我家没霍乱，我父亲是支部书记。邻家死了几口人，下雨之后的（事）了，人受了潮。日本人放毒气没听说。这是传染病，不分的，都是霍乱不是伤寒。

民国 32 年，正在下雨就闹霍乱，没有决口。没有日本人破坏河口的事，在这运物资，运东西，用滏阳河运东西。滏阳河是不断地决口，又没人管。

我们那村往北是炮楼，往南、东、西都是炮楼，炮楼林立，周围都是

1

炮楼。敌人封锁，我们家就是据点，伪军住着。

没有飞机，飞机都飞到前线啦。

采访时间：2007年7月15日

采 访 人：聊城大学学生

采访地点：邯郸市地委家属院

被采访人：申秉正（邯郸市原党史办主任）

我那时快20岁了，1940年、1942年有两次大灾荒，对霍乱病没什么印象。

1943年我在地委工作，在大名一带。冬天遍地都是冰，主要是漳河决口。

那时抗战时期，日本人也在这儿，我们也没这么大人口量，河堤也没人修，平常河是干的，一下雨就涝了。

魏县人那时都饿死了。没啥吃的，就吃蚂蚱。水灾蝗灾可厉害了，秋季闹，连树叶子也吃光了，到处都有。细菌战（的情况）不知道，反正我知道死的人多了，那时一般都认为是饿死的。1943年大名那儿，一个联队一个大队，500多了，伪军直接受日本人指挥的一个警备团啊，1000多人。伪军多了，还有土匪，编成伪军，那多了。

老百姓受罪吧，那儿大土匪多了，比齐子修资格都老，河南、河北交界那块有个程希梦，清朝时就是土匪。李成花，有四个旅，一个旅一两千人。日本人刚来，土匪就进来了，没有政府了，挡在魏县、大名一带抢，就成立了红枪会。1946年我南下了，1980年才回来，中间这段不在这儿。抗日战争我在这儿（工作），了解情况不全，细菌战了解情况不多，这边没听说。

成安县

采访时间：2008 年 7 月 10 日

采访地点：邯郸市成安县老干部局（老干部
活动中心）

采访人：李 琳 张 铭 栗峻峰 苏国龙

被采访人：董 聚（男 87 岁 属狗）

董 聚

　　我家是大名县的，民国 32 年我在部队。我 1939 年参加工作，一直在部队，到 1949 年下来了。后来在县（成安县）里工作了 58 年，一直在县里，没出这个圈。

　　民国 32 年是旱灾、虫灾、日本灾，老百姓就没法过，啥也给你拿走，十天半月一扫荡。皇协军、日本人到这儿有啥拿啥，有被子拿被子，有壮丁抓壮丁，强奸妇女，烧房子，啥都干。在家站不住，只有当八路军。整个河北省都是这样。当时在部队上，算是冀南这部分，番号不记得了。

　　民国 32 年大旱灾，旱到啥程度呢，苗根本就不长，人只有逃荒，卖儿卖女都没人要。十七八的大姑娘给她俩馒头，人就跟着走。饿的那人架都架不起来。

　　逃荒的多了，往山里面，山西那儿就是山里面，那里虽然吃得孬、穿得孬，他们都有存粮，他们家里粮食都能吃二三年，河北省不行，就这点地，当年收了当年吃，有的贫下中农当年收的都不够当年吃的，能不逃荒？没粮食吃，能在家就在家，不能在家就逃，往山西、陕西（逃）。

　　旱了大概有二年，民国 32 年和 33 年，就这二年。民国 32 年下两滴雨也种不上庄稼哎。没井，像磁县那里有井，能浇。立秋之后没下雨。

　　灾情最严重的是邱县，无人区，它那个地方比别的地方旱得还厉害，村里要有 100 户人家，都走八九十户，什么也不要了，房屋也不要了，院子里长的净草，病死个人也不埋，往那炕上一搁，使席子一搭就完了。当时随部队进村，一进村看不出哪是村哪是街，野兔子都安家了，一见人一蹿就是二尺高，跑了。有一个老头，还不到 50 岁，他走不动，家里人都逃荒走了，上吊了。当时我们进村，看不见人，向那边一看，见树上吊着个人，还有口气，把他解下来以后，缓过气来就哭开了，他说："同志啊，你叫我就死这一回吧，还叫我受二回罪干吗？"他的脸都肿了，浮肿，脸也肿，腿也肿。我们战士就给他留了二三斤米，那时候我们每人都带着点米，炒熟的，使水泡泡就能吃。这是我当年随部队亲眼看见的。别说走这个村，就是再走几个村，见那些人家，也没有一半人在村里。

那会儿我们走到哪能吃就吃，不能吃就想法弄点野菜。有粮食的地方，当兵的一人分上二三斤粮食，也不能随便吃，也是挨饿。都说"旱不死的葱，饿不死的兵"，那兵饿得也不走。我那时当排长，有个战士叫刘福堂，两天没吃饭了，不走了，说："把子弹交给你吧，我死了叫老百姓给我盖上就行了。"我说："福堂，你怎么这个样？"咱是排长，得负责，他没吃饭，咱也没吃饭。我就找了一个兵，那个兵退伍了，他有夜盲症，天一黑了啥也看不见，他叫黄梁海。他说："啥事，班长？"我以前是他班长。我说："梁海啊，听说你发财了？"他说："发啥财啊。有啥困难？"我说："也没啥困难。咱排里有个兵，两天没吃饭了，你能借给我点钱买点吃的不？"他说："你要多少吧？"我说："就在这八路军票上定二百，一人十块。我可没时候还你，等把日本人打走了我还你。"他说："咋了，老班长，你怎么这样说。你花了就花了，你要不够我这里还有，我坑日本人坑得不少，哪一回也得赚他个十块八块的。"我拿了钱就回来买了谷子，也没盐也没啥的，煮了煮，把汤撇干净。没盐就刮刮那盐土地，弄了点盐水凑合着吃。这是当兵时候的事。

吃不上饭，穿得像那个叫花子样，啥衣裳也有，黑的、蓝的、花的、白的，露着膝盖，露着膀子的，露着脚趾头的。就一套衣裳，成天不脱。你挨着我，我挨着你在大沟里睡，不敢进村，一进村那日本、皇协军就围上来。谁当八路军哎，没人当，说多少好话人家都不当。

漳河是年年发水，特别是七、八、九3个月，那是洪水泛滥的时候。磁县、临漳、威县、大名这都是水冲的地，今年一种上地，明年就给你冲了。最厉害的是临漳，水必须得通过临漳，威县那里是通过一部分。那会儿咱这房都是泥土房，没砖，一下雨，水一冲，房塌了，没地方住，没法了就领着孩子老婆逃荒去。最严重的就是民国32年，饿死的、病死的、抓走的，村里就找不到啥人，没粮食吃。那时候我在大名。

闹蝗虫，蚂蚱。霍乱不记得，有发疟子。

我见过日本人给咱打针的事，见过的少，因为部队成天换地方，有时候一天换两三个地。听说过日本人搞细菌战的事，在东北，咱这也有，打仗的时候放那个炮弹，很少。打的啥针不知道，反正老百姓不愿意，你不打还不行，都说"绝种针"，打屁股，打了以后没人死。他怕传染，给你消毒。

流行病有，啥病不知道。光知道发疟子的不少，部队上也有。发冷发热。

听说过霍乱病，也是在民国32年，听说很厉害，比发疟子厉害得多，没见过。那会儿我十八九吧，十六七当的兵，那都当兵二三年了。那时候跟部队往山东，往济南、聊城，往河南。我参加的是八路军。

霍乱啥样不知道，光知道有这么个病。死多少人也不知道。

淹得很少，大部分是旱灾，种不上，有时候下一场大雨就把它当洪灾。1943、1944年的时候下过一回大雨，东边不是运粮河嘛，河里水都出来了，平地里水就一人多深，那高粱就露一个穗，哪是河哪是大堤也不知道。

这是大旱之后两三年，七八月里。大堤都看不到，当时我们坐着木筏过河，运粮大堤都过去了，使个棍子一撑，才知道这是大堤。当时也在当兵。那是打鬼子的时候。那淹的不是几十里，而是几百里，整个这个河都不见了。挨着山东的这个河。东边这县城，像聊城，淹得那人都出不来，聊城是个洼地方。打大名流过去的水流了俩多月。

大船——能载几十个人的船，都能到聊城那个城墙根那儿。当时那水有一丈多深，打俺村里过去得拿船。我家是大名县金滩镇。水流了两三个月。有的高地淹得少，平地就七八尺深。日本决堤是黄河那儿，不是在这儿。

采访时间：2008年7月10日

采访地点：邯郸市成安县老干部局

采访人：李 琳 张 铭 栗峻峰 苏国龙

被采访人：李秀峰（男 82岁 属兔）

李秀峰

我家是临漳的，1947年参加工作，开书店，卖书，在县里的书店，退休之前在县委工作。我记得，民国32年是1943年，咱这里大灾荒，旱灾，虫灾。秋天没收成。我没逃过荒。临漳还能收点。旱到第二年，到1944年。漳河基本上是年年淹。

民国32年那时候传染病流行，疟疾、霍乱、天花。霍乱病症状就是上吐下泻，死人，传染病都死人。见过，得了那病有土法，有洋法，乱治，有治过来的。家里没人得，村里有。用针扎胳膊，出黑血。村里死三五个。

日本人都在县城。民国32年我在家里。

采访时间：2008年7月10日

采访地点：邯郸市成安县老干部局

采访人：李 琳 张 铭 栗峻峰 苏国龙

被采访人：王爱民（男 79岁 属马）

我参加工作以后上的学，是土地改革时上的学，解放前没上过。1948

年参加工作，退休前在行政上工作，在过好几个单位，都不一样，在公社干过，后来到农业局，就在县城里住。家里没地，十二三岁以后，给人干点活，挣点小米。

天花，哪年记不清，有日本人在。天花、霍乱都闹过。我得过霍乱，使那个三棱针一扎，出黑血，这是土法，有钱人上医院。

王爱民

当时上亲戚家，走到半路就得了，肚子疼，亲戚家在村里。不是回来时得的，去的时候得的，就在当地扎针。记不清有没有别人得过。当时和我母亲一块去的，我母亲没得，不知道怎么得的。光知道自己得，不知道别人。也听大人说过。

在县城里见过日本人。都要良民证。旱到几月份不记得，下了几天也记不清。

采访时间：2008 年 7 月 10 日

采访地点：邯郸市成安县老干部局

采访人：李 琳 张 铭 栗峻峰 苏国龙

被采访人：于中原（男 80 岁 属龙）

我是 1928 年出生的。解放的时候在浙江上学，上高中。家是成安的，李家疃。

那个时候霍乱传染，日本人在这儿的时候。记不准是哪一年，我大概就十来岁。旱灾和霍乱不是一年，好像是旱灾在先，记不很清。

于中原

霍乱传染、死人，哪个村都有死的。上吐下泻，不知道抽不抽。见过，有的在胳膊上扎针，出黑血就好了。霍乱哪个村也断不了，死几个，但是也不算太多。家里有得的，我记得我哥哥就得霍乱了，扎扎针就好了。哥哥叫于少国，（得病时）连吐，带肚里疼。他比我大十来岁，当时有20多岁，他就在家得的。给我哥哥扎针的是个老太婆。

日本人给咱打针，咱不想打，他逼着打。老百姓认为那是"绝户针"，绝后的，不打。打完也没见咋了。

1943年没发大水。旱灾之后没发水。

磁 县

采访时间： 2008年7月17日

采访地点： 邯郸市磁县磁州镇固城村

采访人： 张 伟 张 娟 焦 婷

被采访人： 赵金元（男 79岁 属马）

我一直住在固城村。1930年出生。当时家庭是小商贩，做小买卖，在城里也卖帽子，当时固城是农村，离城还挺近。百姓绝大部分以农业为主，我们这村里做生意的不少，在城里，还有就是铁路上搞搬运，比周围村在外地干活的不少。

1943年在磁县念高小，1944年高小毕业。当时家里有五口人，有我、奶奶，有我父母、妹妹。

1943年闹灾荒具体时间说不准了，我们村水利条件还可以，可浇地，有外地灾民来我们这不少。记得我们这门里有几棵枣树，灾民拾点柴火，煮枣树叶子吃。

我还记得我们村里铁路东河堤，有一个妇女裸体抛着，饿死的还是被人糟蹋的（搞不清楚），我是听说的。那时饿死的人不少。还有一个河南清丰县，当时至少五六十岁，我有一个谁家的奶奶有个菜园，在那看菜园，菜园里小棚里住，还有一老汉在那卖花生。

那年主要是旱灾，后来是蝗灾，哪一年记不清了，因为时间长了。蝗灾，有一个从东往西或从西往东，从南往北，麦子快要熟的时候，看过蝗虫来的时候。河里蝗虫，滚成大袋蛋子。

我们那边从滏阳河水，引水口是在 10 多里地，龙王庙，明朝时就有，崇祯前万历年间建的。靠滏阳河水浇地，从龙王庙引水。我们这一带条件比较好，这个村可以说没灾，周围我们这是有名的好村。

没记得有霍乱病，记不清，知道这病，没记得形成很大的瘟疫传染。寒症、伤寒、天花、疟疾都是常见的病。编制资料和收集资料，编写时没记得有这个病。（我编过县志，）编县志时我负责的是"人物"。编写时没记得有这个病，收集这方面的资料。1948 年在公安局工作。1961 年在民政局工作，正式工作是在 1962 年。1993 年退休的。

采访时间：2008 年 7 月 17 日
采访地点：邯郸市磁县光荣院
采访人：张 娟 焦 婷
被采访人：宋天祥（男 83 岁 属牛）

我没上过学。种地不多，有一点地，家里七口人，吃不饱，地少人多。父亲给人家做长工、做短工。有一年卖了八亩地，还回来五亩地。

下了水就淹了，哪一年记不得了。民国 32 年那时候小，那时老人也不识字，不说古时候的事。

我没生过啥病，那时人生麻子，生花，别的病记不住。家里人没得过什么传染病。

见过日本人，穿的说灰不灰，说白不白，用三八枪带刺刀，跟电视上差不多。他们不经常进村，进村老百姓都躲出去。磁县没地道，西边有，山里有，三道沟有地道战。日本人进村强奸妇女，抢粮食，抓人。没到村里打针，他人来了，野蛮，来胡闹。

1963年下大雨下了45天。1943年记不得。

采访时间： 2008年7月17日
采访地点： 邯郸市磁县光荣院
采 访 人： 张　娟　焦　婷
被采访人： 王相和（男　82岁　属兔）

也上过学，以成分来说是地主成分，有机会上学，要是贫农就没机会上学。四书五经都读过。

民国32年是灾荒年，那时候主要是天灾，头一个是冰雹，高粱都让冰雹给打坏了；又来蝗虫了，四个翅膀，一飞飞过来连太阳都遮住了。都一块走，东西十几里宽。吃青草，过去庄稼都吃光了。大概是农历五六月份。老百姓都说天灾，神虫，实际上不是神虫，说来都来了。通常挖沟，不能飞的，一跑跑到沟里，拿棍子打。

瘟疫不多，饿死的多，树叶都吃了，人都吃树叶，蝗虫吃不了树皮。弄下树皮，晒干磨成粉，做成窝窝当馒头吃，树皮都吃光了。

没闹过什么病，我没见过闹什么病，灾荒了都往山西跑，地宽人稀。山西人过生活特别仔细，有好东西舍不得吃。山西人吃糠。有柿子也是晒干了，推成糠，碾成面，放缸里，吃炒面。炒面都是谷子皮和柿子面。有钱也做一些炒面，恐怕今后遇到灾。灾荒年都往山西跑。我老家是白塔村。

日本人进村，我是亲身经历过。在磁县和日本人正式打过三次。日本人在磁县住，想往东走，扩大地盘，白塔九个村联合起来，有土匪抗土匪，没土匪抗日本人。村在平原，白塔村旁边有个西玉曹村。日本人进村烧杀抢，抓人当汉奸，叫皇协军，皇协军当然是坏了，皇协军都是当地人，都知道谁有钱，烧杀抢，抓人。

日本人没有进村打针。1942 年、1943 年日本人用细菌这些武器杀人还不是很成熟。细菌战在朝鲜了解挺多，日本人在东北研究没成功就投降了，美国利用日本研究细菌战那个机构继续研究。在朝鲜发现了，以前没听说过细菌战，那时候还没研究成熟，主要培养老鼠，在老鼠身上培养细菌，叫它携带细菌。后来又用鸡，羽毛很厚，可以藏细菌。鸡、老鼠，乱跑，到哪细菌就可以带到哪，之后是霍乱。

1952 年在朝鲜，听说细菌战，美国用了细菌战，从飞机上投下来，说不清什么东西，有鸡啊、老鼠啊，能藏细菌的东西从飞机上扔下来，人就得那病，主要是霍乱，上吐下泻，上面吐，哗哗吐，底下拉，很快就完蛋，治不过来。

治细菌的疫苗很宝贵。不能在外面放 48 小时，那时疫苗很贵很少。中国疫苗运到朝鲜至少一天，没用就不能用了。那时候志愿军有防疫知识了，村庄有霍乱病，就把村庄包围了，人不准进，不准出，封闭起来进行消毒。发现一个地方马上封闭一个地方。咱们这块没听说过有细菌战。

大名县

采访时间： 2007 年 7 月 13 日

采访地点： 大名县老干部局

采 访 人： 张国杰　朱洪文

被采访人： 房登堂（男　79 岁　属龙）

日本鬼子 1937 年进中国，我 1928 年生人，那年 9 岁。

鬼子先占领大城市，一个一个地，1936 年鬼子占领大名县城。它侵略中国后，就在济南实行了"三光"政策，（当时日军在）大名有个团，剩下的就是伪军。

（日军）住教堂，住大户人家的高房，日本人还没皇协军多。当时村里有敌后武工队，咱打游击，挖沟，我们村三里地一个炮楼，里面是鬼子，外面是汉奸队。三里跟三里挖成沟，叫封锁沟，过的时候只能从炮楼过。我那时才十几岁，今天替我父亲去，明儿替我爷爷去，我不怕。

民国32年，鲁西北遭蝗旱，没有收成，俺村有百十口人，饿死了30口，逃荒的有一二十户。吃榆树皮，根本没粮食吃。秋季虫灾，没收。

没有听说过霍乱传人。村里没有别的流行病，别的有没有不清楚。村里一口井，吃了后没有什么反应，没有抓去当劳工的。

采访时间：2007年7月13日

采访地点：大名县老干部局

采 访 人：张国杰　朱洪文

被采访人：高云林（男　76岁　属猴）

那会儿家住东代古乡后罗庄村，那时有我父亲，我母亲，有爷爷奶奶，有一个哥，家里那会儿有三来亩地，够吃。

年景不好，打井不好打，一个村有三四个井，鬼子可能从东边过来。有飞机，没见过飞机。日本人穿黄衣服，见小孩还挺亲呢。

有大圆炮楼，住的人多，小炮楼几里地一个，修炮楼，两边大沟，不让咱八路军过。都是逼着去的，那会儿有土匪，晚上查。

有八路，咱这八路军少。那会不打仗，人少，枪少，到村里去要东西。

民国32年，天旱，收成不好，一旱吧，收成就不好，饿死的不少，肠子饿细了。后来有吃的，有人撑死了。

蝗灾也有，天上一飞就看不见天了。有个苗就吃了，不是那一年。

逃荒的到山西，有100人逃走20个。下雨从7月2号，下了七八天吧，车不能来了，报纸停了，水挺大的，出城后下去就一人深。那会平堤，没决口。

32 年年景孬，听说霍乱病，村里得的不多，有死的。喝的是井水，下大雨，井里都平了。听说过有抓壮丁的，皇军在这里要人（当兵），有的卖兵，有的逃过来，有的村里不好的，就卖兵。

采访时间： 2007 年 7 月 13 日
采访地点： 大名县老干部局
采 访 人： 张国杰　朱洪文
被采访人： 李守义（男　81 岁·属兔）

住老家南门口，一直住那儿，家里老少三辈，爷爷、奶奶、爸爸、妈妈，我俩兄弟、一姐姐、一妹妹，除了姐姐大就是我。

家里有个几亩地，都卖给别人了。自己种，就是给地主种地，种谷子。

民国 32 年，我才十六七，当时担子我挑，在地里抬盐土，卖盐。

见过鬼子，从卢沟桥事变后，从京汉线回来，穿黄衣服，有枪，没有飞机，烧杀奸淫无恶不作，日本人不敢承认它侵略。日本鬼子在这里八年，特别是皇协军，更坏，皇协军多，都是亡国奴。有土匪，白天皇协军到村里要粮食，晚上土匪去，地都没法种，土匪头子姓古。这边有八路军，不多。这个河东就是八路军，这边是日本鬼子，不打仗。

民国 32 年我爷爷先死，我父亲后死，一个月死了两口，我仁兄弟给了人家了，我红婶子叫抓了，剩下我带着一个兄弟。

1943 年是大灾荒，麦子没种好，不能提民国 32 年。知道下了大雨发洪水，有霍乱，得霍乱的不少，高烧，上吐下泻，很快就死了，当时村里有不少。开始有人埋，后来没人埋，我父亲是拿席子卷的。1943 年，这么粗的榆树，只要能够到的，都扒了。也见过得霍乱的，不多。我们村三口井，村里都吃这水，当时卫生条件差，没人管。

我叔叔给日本鬼子抓东北去了。当时白天不能生产，黑夜土匪闹。日本鬼子，没发食品。没有被抓到日本当劳工的。中央军，二十九军住这里。

采访时间：2007 年 5 月 6 日
采访地点：邯郸市邱县新马头镇韩庄
采访人：李　斌　丛静静　韦秀秀
被采访人：丹延真（男　85 岁　属猪）

丹延真

我老家是大名，民国 32 年我在老家。民国 32 年一个是闹灾荒，一个是闹日本人。日本人在大名城里，日本人也就城里这块控制得严，再往外五六里就成八路军了。日本人主要在城里活动，出去也是大部队，个别的不敢出去。

那年旱得很，是个灾荒年。我听说这个庄上（韩庄）旱得更严重，村里都逃出去，基本没剩人。我老家那也出去了，住着日本人，还好办点。我没逃荒。大名城比一般的县城大一些。过去河北分两个治理，北治理是保定府，南治理是大名府。

民国 32 年不下雨，庄稼种不上。按过去说，这一带（韩庄）四五年都不下雨，种不上庄稼。没有井，一不下雨就没法儿了。大名民国 32 年基本就没下雨，到民国 33 年缓过劲了，下了些雨。这边也是那个样子。大名有一回下雨是下得不小，记不住了。

得病的不多，很少，没有霍乱。我家住在城里，日本人住那条街上，咱根本就不敢往那边去，不接触，他们干什么也都不知道。有出门证，比方说你在村里，村里就给你办个出门证，没有出门证，城门不让你进，没有出门证你也根本不敢来。我在县城里南关住。日本人把着城门，有汉奸、警察帮忙，城门站岗的都是日本人，看见你盘问你。这个城跟大院墙似的，有城墙。日本人有没有医院不知道。日本人没给打过防疫针，也没给检查过身体。

民国32年的生活很紧巴。城里的都是商家，城里没地，都不种地，主要靠买卖。我家做个小买卖，卖点青菜，卖点顾生活。农村里井浅，有的弄点水浇浇，还能种点。从外边来的菜，批发一点，批发的便宜，再卖出去。那会儿生活都不行，都是做个小买卖。街坊邻居的没见得病的。

日本人也抢。没见过日本人戴防毒面具。没见过日本人的飞机。大名城的日本人直到日本投降以后才走。

肥乡县

采访时间：2007年5月6日

采访地点：邯郸市曲周县大河道乡常庄村

采访人：范　云　李　娜　郑效全

被采访人：李桂英（女　77岁　属羊）

李桂英

民国32年，我在肥乡县，离这十里地。

民国32年草籽没见。民国32年是旱年，啥也没有。连旱了两年，到第三年下了雨，下得不大。

俺爹出去做买卖，俺跟娘、奶奶在一起。俺没逃。

民国32年日本人到村里扫荡，找共产党员，死的人多，饿死的多着哩。老人、小孩都死了。有得病的，不知道啥病，不记得谁得病。

听说过沙子霍乱，多着哩。民国32年有，沙子霍乱扎胳膊、腿弯，出血，扎得早点能治好，扎晚的就死啦。那会没听说传染，死得快。民国32 年以后就没了。没医院。

采访时间：2007 年 7 月 13 日
采访地点：老干部活动中心
采 访 人：聊城大学学生
被采访人：马登亮（男　82 岁　属虎）

1942 年、1943 年两年灾荒。当时肥乡属于晋冀鲁豫军区，这里先旱灾后蝗灾。

我于 1939 年参加工作，曾在冀南军区三分区政治部油印科任油印员。1943 年确实知道有日军决卫河大堤。1942 年、1943 当时是最残酷的时期，抗日情况比较困难，日军当时制造了许多无人区。日军在肥乡曾使用"三光"政策，制造了不少惨案。

肥乡 1945 年 11 月 15 号才解放，周围都解放了，肥乡才解放。日军投降后，伪军仍盘踞肥乡县城。肥乡当时有兵工厂，能造枪。

1942 年 4 月 29 号，日军曾进行大扫荡，这是第二次大扫荡，上一次时间记不清了。但日军曾围住我军一个团，在曲周县吕洞，我军伤亡七八百人。1942 年 4 月 29 日的扫荡涉及很广。日军曾在当地使用毒气战，但我对细菌战不太了解，只是知道东北有细菌战。当时晋冀鲁豫军区我军以连为单位活动，在肥乡以排为单位活动。

霍乱一般在秋天，1943 年闹过，但一般在肥乡东北的邱县、曲周。1943 年肥乡灾荒很厉害。有个县城东北方向的小营村，死了一半以上的人口。当时很多人都以吃野菜为生。小营村当时有 700 多人，该村的李姓大地主曾任伪县长，是被迫的，后来生病了。

广平县

采访时间： 2008 年 7 月 13 日

采访地点： 邯郸市广平县光荣院

采访人： 李 琳 张 铭 栗峻峰 苏国龙

被采访人： 宁学岐（男 80 岁 属马）

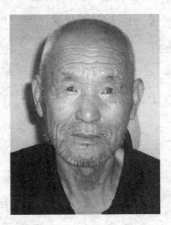

宁学岐

家在广平城西，广平镇的。灾荒的事咱也闹不很清，还小。

参军时 20 多岁。日本投降以后，两个党就打起来了。在村里动员，让青年人参加部队。那时候叫谁去，谁也不去。有钱人掏钱让别人顶。我当时顶的不是俺村的任务，顶的俺姥姥家的任务，穷人没钱。退伍是 1951 年，从北京退伍。

见过日本人，除了烧杀还能干啥？俺那南北大街上的房屋全都烧光了。

打过防疫针，哪一年记不清，他那也是好心。流行病闹不清，那时候不像这时候宣传那么到位，打那针的时候我十来岁，我没打过，害不害咱也不知道。

吃不上是灾荒年那年，民国 32 年，旱灾，具体旱了多久记不清，老百姓可苦了，寸草不生。

逃荒的有，有上东北走的，有上山西的，多了。阴历七月底下的雨，那都不中了，再种东西也晚了。下了 40 多天，下淹了。

霍乱听说过，没在这一片得，在武安、涉县那儿。漳河水灾是经常闹，具体哪年闹不清。民国 32 年是先旱后涝。还能不死人？有点能耐，会走会跑的都出去了。

上水，从西南过来的水，水库的水，岳城水库的水。老天也下，这是 1963 年的事。

采访时间： 2008 年 7 月 13 日

采访地点： 邯郸市广平县建新南街

采访人： 李　琳　张　铭　栗峻峰　苏国龙

被采访人： 王明宾（男　74 岁　属狗）

王明宾

　　那一年是闹灾荒，旱得地里都是大缝子，苗都没种上，这个县没河，没水浇地。

　　俺这个村周围原来是个老镇，有城堡，外边那个护城河都干了，原来一直有水。四几年地下水挺浅，谁要是在地里劳动的时候，挖个坑，待上个把小时、半个小时就有水。

　　就那一年，民国 32 年，1943 年，旱灾，啥苗也没种上。后来下雨了，麦子就种上了，第二年，麦子长得挺好，到秋天就生了蝗虫，又把庄稼都吃了。

　　我有两个叔叔都是那年死的，饿死的。逃荒的多了，一个人在家里，另一个就出去要饭。我的两个叔叔，啥买卖也没做，一旱，就没收入，孩子多，最后饿死了。

　　我记得那时候日本还在，俺这有炮楼，有两个，在平固店村边。一个日本炮楼，一个是皇协军。那个时候日本和皇协军也号召群众打蝗虫，蝗虫满地都是，有搫的，搫到沟里埋。有的是敲着洗脸盆赶。高粱、玉米一下子都成光棍了，来蝗虫时玉米还没成熟呢，当时地里种的高粱、玉米。树都吃光了。后来下雨了，那都晚了，都是种荞麦，别的都不能种。

　　有传染病，不太多，就光这个表面现象能知道点，传染病啥的，那个时候都不注意这个事。听说过霍乱，那时候不知道，那时候岁数小，也不注意这个事。

　　打针的事不记得。日本人我见过，他那个炮楼离俺家挺近。他对小孩不祸害，主要是对八路军、游击队。对农民，修完炮楼他就不再祸害，对八路军、游击队，他是天天打。

俺这东头有个庙，基本上天天有游击队在那侦察，解放以后那个庙打得净窟窿。日本人待到那个楼上也不敢出来，他一出来游击队就打。

有一次，我跟我父亲去赶集，走到东边，有俩人，穿着那个大袄，就是民国时期那种大袄。当时俺那个西街东北里有个茶馆，敌人在那喝酒来，这个侦察员就过去侦察，俺看着他过去的。过去以后俺还没走到家，枪就响了。解放以后游击队这个人当纪委书记了，我问过他，他说当时打的那个皇协军团长叫张金海，村里叫他张八。这个老头死了20多年了。

在我们这一片没听说过细菌战。

采访时间：2008 年 7 月 15 日

采访地点：邯郸市广平县广平小学家属院

采访人：李　琳　张　铭　栗峻峰　苏国龙

被采访人：李金国（男　72 岁　属鼠）

李金国

小时候家在南阳堡乡北柳村。

民国 32 年灾荒主要是因为旱灾，相当严重，开始是旱灾，后来就有水灾、蝗灾。民国 32 年前一年就没收，到民国 32 年就更严重。我们那一带逃荒的很多，大部分都往山西、济南，个别少数的往东北，饿死的人很多。我家当时还没穷到那个程度，是上中农成分，还不是贫农。当时我父亲还在，开油坊榨油。家里不说是断炊，但是已经没有啥了。

民国 32 年前边是旱，没种上苗。后来是下雨，下雨又很晚。那个时候靠天，种玉米种得很晚，有种不上玉米的就种荞麦，荞麦属于是晚秋作物。种上玉米荞麦以后，到后来冷得很早，这玉米都没有长成，荞麦开了花了，就不结籽。所以后来就吃那个囫囵棒子，再一个就吃荞麦花。像我家这个中农成分，还没有断炊，也相当艰难。像贫农户，那就更苦了，逃荒大部分是贫农。

春天就旱，民国 32 年麦季是绝收，绝收就是一点都没收，耩了麦子也都干到地里了。过麦以后该耩秋苗了，下雨很晚，几月记不清，不是说过麦以后马上下雨了，应该种玉米的，现在这个季节下不了雨，后来下了，种得就偏晚。种上了以后，又大雨连续，大概是七天，到秋后又冷得很早，玉米就没长成籽。这就是说 1943 年麦季绝收，秋季也没收，这就相当困难了。

1942 年麦季基本上收了，1942 年的秋季可能是收得很少，到 1943 年麦季又没收，一点也没收。1943 年种上苗以后，大概七月份又连续下了七天，记不清淹没淹，反正群众生活达到极度困难了。不仅没有吃，下那七天连烧柴也没有，有的家里把门都卸下来烧。1943 年两季没收，1942年秋季也没收好，所以最严重的时候就是到 1944 年，那是死人最多的时候。到 1944 年春天死人太多了。1944 年麦季丰收了。1944 年这个小麦长到刚一出嫩籽，人就等不及用镰割下来，撮撮就吃。

1943 年死的人不少，县志上都有记载，那个数字都不是我的记忆，可能是党史他们搞过一个材料，我从他们那搞来的。我当时小，七八岁，具体死多少人我记不清。

我是河北北京师范学院函授生。我入党是 1973 年，1954 年参加工作。

可能是灾荒年以后，闹过大肚皮症，现在来说可能是肝炎。具体哪一年我也记不清，也可能是抗日战争时期，也可能是刚解放以后。死了很多人，是不是 1944 年或者是 1945 年，我记不清。没听说有霍乱。

采访时间：2008 年 7 月 16 日

采访地点：邯郸市广平县南阳堡乡敬老院

采访人：李　琳　张　铭　栗峻峰　苏国龙

被采访人：王法学（男　87 岁　属狗）

原来家在东北角的王庄，南阳堡乡的，离这五里地。没上过学，不识几个字。

王法学

民国 32 年最艰苦，地里不收，老天不下雨，种不上苗。能种就种点，种不上就饿。说不上来旱到几月份。

下雨晚，七月份下的。下雨晚就耩了点荞麦，多少能收点。一般你种上苗，按玉米来说，一亩地顶好能收 100 多斤，四斗。种不好就长上五六十斤。没井。那个时候我 20 来岁。记忆不强，就记得个大概。

下大雨，光记得平地里上水，那是 1963 年。解放前不记得。

霍乱闹不清，大概有吧。那时候病多得是，疟（音）子、发疟子。说冷就冷，说热就热。疟子不就是霍乱，说肚子疼就肚子疼，疼得很，就抢救不过来，那可不死人！见过得病的，都是年轻人得的多，我记不清，就是个大概，上吐下泻，抽筋。能治，那会儿都吃草药，没西药。那个病死亡率很高，有传染性。家里没人得，邻居有。有得病的家里都没人，走了，几年都没人。日本人过来了这个病就不多了，在事变以前，那会日本还没过来。日本过来有旱灾，得那个病不是灾荒年的事，不是说因为没吃的才得。

逃荒都往山西、太原，有上南的，没有上东的，往河南、黄河南，远近不等。

蝗虫有，多着哩！有飞的，有爬的。哪年的事记不清，光记得有这个事。

采访时间：2008 年 7 月 16 日

采访地点：邯郸市广平县南阳堡乡后南堡村

采访人：李　琳　张　铭　栗峻峰　苏国龙

被采访人：张近仁（男　83 岁　属牛）

没上过学，也认得两个字。当过兵，残废军人。1944 年入伍，在山西霍县入的，部队番号是霍县游击大队。不是党员。

我就是过灾荒年出去的，民国 32 年。那年 20 来岁，距现在 60 多年。就是那年当兵走的。阴历六月份走的。

那一年灾荒年，在家住不住了，想找点活儿，哪儿也没活儿，就当兵了。不下雨，苗安不上。阴历六月二十七，老天也没落雨，到七月才落雨。下得晚了，种啥也晚

张近仁

了，后来下雨大了，种苗也晚了。下得大着呢，种点菜，种点白菜啥的，种苗晚了。那会儿我都在部队了。我自己都知道，后来下雨大，下了六七天，不淹，反正种不上苗。

咱村那会儿 2000 人，逃荒走的有一半，有上东三省的，有上河东的，有上河南的，有上山西的，各逃一方，有亲戚找亲戚，没亲戚找朋友。河东就是东边山东。后来又上大水，下大雨，把咱这儿淹了，就是那个河水过来，南边有黄河泛滥，还有漳河，这个水都平地过来，这是又一年的事。灾荒年没淹，就是下的雨大点，能种苗。没听说有病，都饿毁了。吃点菜，吃点树叶。

霍乱听说过。那还早，上来没多大会儿就死了，那个病毒着哩。民国十几年的时候，那个早，咱都不记得。霍乱是民国 9 年或民国 8 年。灾荒年那年没霍乱。闹霍乱是我几岁的时候，也就是三五岁的时候，小，还记不清呢。一上来人就抽，越抽越矮，人就抽死了。没见过，听老人说的。这是俺父亲那辈。

灾荒年死的人不少，咱也没计算死多少人，光记得死得不少，家里有死的，都死了，死了埋不及。埋了这个人，那个人就死了。灾荒年都是饿死的。就赶上那个霍乱病，上来了没劲，后来生了个法，扎针，放黑血，一放血就好了。这是民国 9 年。扎针出来的那个血都是黑紫色，有毒。我

见（扎针）的那时候也就六七岁。那时候小，也没问很细。

蝗虫，生过，盖天飞，把太阳遮住了，就是民国32年、33年生的，和云彩一样。

采访时间：2007年5月4日
采访地点：邯郸市邱县邱城镇后段寨
采 访 人：李　斌　丛静静　韦秀秀
被采访人：许桂香（女　74岁　属狗）

许桂香（左）

民国32年在娘家广平县，在后段寨西南25里地。

民国32年在俺庄。不下雨，旱。后边蚂蚱来了，打蚂蚱，吃那蚂蚱。八月底下雨，下了七八天，房还漏，那回没有好房子，土房都漏，人都得了霍乱啦，还长了疖子，痒痒，潮。人浑身抽抽，也是潮，没饭吃。要是知道了，抢救，死不了。我记得是扎脖子，我小，那才十来岁，记得俺姐家有个大叔扎针，扎这个项子，流的那黑血。有那不知道的，耽搁了，都死了。霍乱传人，都说霍乱传人。这个病有半年吧，都是几个月。不能光是这个，光这个就都死了，到后边天好了就好点了。

俺在俺这个外边吃饭的时候，有个娘们携着个小孩，她说这个小孩快死了，直招绿豆蝇，你给俺点儿吃吧。俺整的糠面，整的芋。她说你给俺点吃吧，给俺这个小孩吃。俺说有辣椒，有辣椒也敢吃。刚给一把都吃了，她吃了，他娘吃了。说："再给俺一把吧。"又给她抓了一把，她吃了，携着小孩往南走了，那都顾不得孩子了。

临漳县

采访时间：2008 年 7 月 11 日

采访地点：邯郸市临漳县档案馆

采访人：张 伟 张 娟 焦 婷 张 娟

被采访人：段文明（男　64 岁　属鸡）

我叫段文明，是县电力局干部。今年 64 岁，属鸡，已经退休。退休后主编了一本《南东坊村志》，现已出版。曾编过《临漳县电力志》，已出版，正编写《段氏祖谱志》，基本脱稿，准备出版。

我是大专生，工程师，也是一个工程技术人员。1968 年考入河北水利专科学校，1970 年毕业，先后在保定、磁县、临漳等地方工作。我1965 年最后一批高考生，我上的是河北的专科学校，临漳全县 2 个高中班，一个高中班 45 名，毕业的时候有 30 多人，升学率却相当高，达60%。

南东坊村现有人口 5000 多，在临漳是个大村，编村志因村历史悠久古老，从档案馆和其他一些书籍及村民口碑记载，开始筹备编写《南东坊村志》，大部分从档案馆查来，部分从 80 多岁老人那采访得来的。蝗、旱灾都是从老百姓口中记录得来的，查阅的档案从当时的《临漳县志》查来，大体记载了蝗、旱灾的情况。当时村民主要是七八十岁的都问过，随便和百姓谈，然后整理、记录有用资料。记录的底稿太乱，当时人民生活衣、食、住是全面了解的，没有针对抗战时期的描写。抗战时期的材料搜集后，结合村里情况编写的。

解放前的生活水平，村民处在水深火热之中，日本人并不多，主要是土匪跟农民抢，又增加了百姓的负担。当时抓人，问家里要钱，不给钱就活埋。当时一亩地达几十斤小麦，生活水平差。日本人要吃喝，日伪军也要吃喝，也从百姓那里要。

霍乱听说过，但是霍乱也好，天花也好，有些医生能治就治，治不好就没办法。当时医疗条件很差，不像现在抗震救灾，"一方有难八方支援"，医生也要收钱也要生存。霍乱这个病听说过，流传非常广，不太好治，拉、泻是当时的症状。当时农民看病多是土方治疗。

当时霍乱每年都发生，或轻或重，跟天花一样，从开始到1950年，多年都有，（流行的）面积有时大、有时小。当时扎手指是农村用来治上火等，发烧了、泻了。一挤挤出小圆点，血是黑色的，不是说鲜红鲜红的。不是很大的病，发烧感冒、拉肚子等小病都用土方法治疗。

我们村里也有，当时相当厉害。灵棚不撤和架子不撤，形容死人多。我们家族就有灵棚不撤记录，大爷去世，二爷去世，还有一个是谁，我们家连续几天死了三个人，在我们村相当严重，老人说是村里开粉坊的人多，制粉条，当时用绿豆制，喂猪，不讲究卫生，所以死人多。瘟疫一个因为天灾，一个因为人为，卫生不好。霍乱重灾区在城西，南东坊村也是重灾区，开粉坊比较多。

采访时间：2008年7月11日
采访地点：邯郸市临漳县档案馆
采访人：张　伟　张　娟　焦　婷　张　娟
被采访人：黄　浩（男　57岁　属兔）

我叫黄浩，今年57周岁，1951年生人，从小上学，进入初中只读了一年书就经历了"文化大革命"，耽误了学业。1968年回家当了民办教师，上学根据成绩、家庭出身是比较好的。当了民办教师，又当了兵，从1970年到1976年4月初当兵，先任报道员，后任报道组组长。教学阶段教初中、高中历史。

1986年冬天以后到1996年当学区校长。1996年8月份以后主编《临漳县志》，当副主编、主编，1999年《临漳县志》出版。1999年至今编写

"古邺文化丛书",计划编 8 本,已编 5 本。其间与原县委书记合编了《建安文学》,现在正在给临漳一中编校志。编了《黄氏祖谱志》。现工作在临漳县地方志办公室。建国后就出现了一个版本的县志。清朝到民国间的县志无标点,繁体字,我给规范了,看起来更方便一些。

1937 年以后国民党政府逃跑了,民国《临漳县志》初稿被人保存,到 1965 年又要回来了。现在旧县志有八部,有明朝正德《临漳县志》,清朝雍正《临漳县志》,咸丰《临漳县志》,道光、同治、光绪三十年《临漳县志》,民国 25 年、31 年临漳县一般概况,1942 年版本(日本人编的)。1942 年版本很简单,有当时地理位置图,和现在地图完全不一样了,是从废纸堆里翻出来的。《老干部回忆录》也是当时抗日战争时期资料。临漳这个地区地理位置比较特殊,国民党说是河南的,归安阳管;共产党说是河北的,1938 年归邯郸管。刘邓大军挺进大别山没打下安阳就走了,后来东北大军过来,林彪打下来的。民国 32 年,蝗、旱灾有些是从县志得出来的,有些从百姓口中得出来的。

民国 32 年,瘟疫、霍乱症在临漳城西,以我们西岗村为例,听老人回忆:当时死人相当多,一个家族灵棚都不撤,死人一个接一个,1943 年因霍乱生病有这一说。霍乱症状上吐下泻。这些听老人说的,在我写的祖谱志有记载。

当时日本在这里,比较混乱,不是打预防针就是往鼻子里滴什么。日本人当时管着临漳,国民党在林县(安阳西边),逃到那里去的,共产党在地下,三方管着。日伪政府给预防,老百姓不让预防,厌恶,不相信,说滴了得绝症,从心理上反感这些治疗。当时当地老医生土方弄点草滚水喝。霸王草滚浓汤治病,人们相信,不相信日伪军。

抗日战争期间,漳河有没有发过水,没有文字资料记载。1943 年主要是大旱大灾,记载不多。漳河原来洪水后就打堤,雍正年间有人提出顺其自然,愿往哪流就往哪流。漳河在 1957 年开始修水库,1958—1966 年水库建设时期。临漳土质松软,漳河危害最大。1998 年漳河决口。

采访时间： 2008 年 7 月 12 日

采访地点： 临漳中学附近

采访人： 张 伟 张 娟 张 娟 焦 婷

被采访人： 张民生（男 86 岁 属狗）

我叫张民生，1922 年出生，从小受国民教育，有爱国思想，对日本侵略从小怀恨。1937 年以前，在学校，老师每周都有总理纪念周，对东北抗战纪念。

1937 年七七事变，河北沦陷，中学解散，在家劳动，不愿当亡国奴，非常愤恨。1938 年离开家乡到河南林州，看到中国军队。临漳县县长吴明训、省委河南第三行政区专员郭好礼介绍我们到陕北延安抗日大学。爬太行山，到陕西省，阎锡山部队把我们截了，叫我们当兵，冒充他们军队，多领军饷。不能到延安去。后来偷跑了，中央黄埔军校招生，我报名考上了。在黄河以北中条山入伍，战地招生 1200 人，后方运动。总队长是刘抗，国民革命军九十三军军长。副中队长领我们去了，日本部队截住了，去深山住了 3 个多月。第二年春天，1939 年，过了黄河，到河南由渑池到潼关到陕西岐山县周公庙正式入伍。盖营房，推小车，也里偷着盖，相当苦。

入伍时 1200 人，400 人淘汰了，死，逃跑等，后来又补充了 400 人。第 13 总队编制正式吸收，开始了军事教育，这 800 人都是从艰苦锻炼出来的，没入伍就行军。全国军队装备很不一致，开始学日本三八式步枪，口径 65，后来换了俄国式口径 762，后来中国造的捷克式，不管到哪个部队都能拿起枪来用。那时蒋介石打的是阵地战，一寸山河一寸血。连长死了，就从黄埔军校补充上，没有一定时间。学了三年步兵，军官有留日的，有俄国的。这些战斗思想好不好，我认为都没有毛主席的好。一期毕业 1 万多人，第九至第十六总队，第十三总队、第九总队、第十一总队先毕业。我年龄比较小，学东西快，留校了，又学了辎重、后勤，主要内容是补给前方，有汽车、骡马等。任八区区队长、汽车排长、马术教练、汽车驾驶教练、射击、骑马教练。那时候抗战分为十个战区，在第一战区后方，当时国共合作最好的一个战区。当时学校在陕西，日本投降后回到临漳，不当军人了。当时不情愿留在学校，想上前线。抗日胜利后在平原省邺县教书，现在没有这个县了。当时在邺县六区教书。1952 年调到称勾，1953 年、1954 年调到临漳中学，一直到现在。

1938 年以前临漳漳河带来灾难不少，漳河决堤，盐碱地多，主要种高粱。一到灾荒，芦苇编席，编席在歉收年份是经济主要来源。要饭多，生活不好，霍乱很严重，黑热病，脾热病从狗身上传染的，跟南方血吸虫病差不多。

采访时间： 2008 年 7 月 12 日

采访地点： 临漳县光荣院

采 访 人： 张 伟 张 娟 焦 婷 张 娟

被采访人： 孙 付（男 80 岁 属蛇）

我家是临漳县杜村乡张庄村。今年农历三月二十五搬进光荣院。没念过书，家穷，一分地没有，那时候当兵都是家里穷，1949 年参军。

1937 年我 9 岁，那年下雨下了 45 天，我记得。漳河水涨了，平地里有七八十公分的水。十几个人一个据点在碉堡里，日本人来找了，日本人穿黄鞋，呢子的（衣服），和电视上的一样。

民国 32 年 15 岁，家里没有地，家里有父亲、母亲、妹妹、弟弟共 5 口人。高粱面混糊涂，买人家的粮食，编的筐，一筐 50 斤，一斗有 35 斤有 25 斤的。有的卖西瓜，有的卖桃，有的卖鸡蛋，做买卖赚钱买粮食，也给地主种地。那年，旱的旱，淹的淹。民国 31 年、32 年、33 年都不好，米碾不出来，糠和米一块吹，糠也吃。别地方来这要饭，捧着糠吃。靠天收，天下雨收，天不下雨就不能收，好的时候一亩地收六斗。

民国 32 年还是 33 年，蚂蚱盖着天了，这东南街有一个蚂蚱庙，谷子也好，高粱也好，都被吃没叶了。农民都在地头上挖沟，把蚂蚱撵沟里，点火烧，也用棍子烧。

当时有得霍乱的，那时候医术不高，霍乱症在胳膊上扎针，出来流黑血。穷人看不起病，生啥病的也有，有害眼的，有生疮的，霍乱病浑身难受。见有人得那病，记不清楚是谁了。小孩，使烛火针扎手。得那病的人不能很多，有治好的，有死了的，在立秋之前得，得那病的哪一年也有。啥病也有，哪一年闹不清了。

民国32年，旱到立秋，全靠天收，下雨比较晚了，下雨后种的荞麦。日本人来那年，下了雨，谷子叶生芽了，高粱叶生芽。

逃荒往黄河南逃，有的往山西逃，冬天出去，第二年有地的，三四月回来种地，没地的不回来。不该死的，吃糠，吃野菜，咋也死不了。灾荒年有天旱，有淹了的，都是漳河流的水，哪一年记不清了，那时候小。

采访时间：2008年7月12日
采访地点：临漳县光荣院
采 访 人：张　伟　张　娟　焦　婷　张　娟
被采访人：李庭章（男　82岁　属兔）

家是称勾镇长中村，前年搬来的。上了小学，念了三年。管武装，民兵连长。1960年到岳成水库，代工排长，拉车，修水库。

见过日本人，穿黄衣裳，去过村里，去了一天就走了。日本人来时，家里有四五六口人，哥、嫂子、母亲。家里给地主种地。

闹灾荒是1957年、1958年、1959年。日本人来时不记得有灾荒，没听过霍乱。

采访时间：2008 年 7 月 13 日

采访地点：邯郸市临漳县临漳镇西岗村

采访人：张 伟 张 娟 焦 婷 张 娟

被采访人：郭振洲（男　73 岁　属鼠）

　　一直住在西岗村，在家种地，原先我孩子多，出不去。1960 年以前在村里当统计员。1960 年出去了，回来在队里干活。

　　没在这儿见过日本人，在太原机械厂见过日本人，大高个。

　　灾荒年在家，11 岁，家里人多，父亲、大伯、两个叔叔、兄弟一个，有个弟弟，死了，没有母亲。灾荒年母亲、弟弟还在，灾荒年旱灾，后来就涝了，下雨大了，河水涨了，苗都冲了。秋天下雨，谷子割了，下雨了，水往北流，把谷子冲了。雨下了 45 天，村里没有水，涨水一直往北，是条水沟。我爷爷饿死了，饿死的人不多，1960 年饿死的人多。灾荒年没有出去逃荒的，1960 年初去逃荒的人多。

　　灾荒年村子里没有什么瘟疫，听说黄浩他家得了病，肚子疼，传染病，听人说传染，咱还小，不知道。那时本村没医院，没有先生，上外村去，郎中给治。几天不拆灵棚是哪年不记得了，灾荒年之前，他父亲还在，没听说过霍乱病。

　　地里水到腰了，从南往北流，闹不清啥时候了，可能是民国 32 年，前半年旱后半年涝。

采访时间：2008 年 7 月 13 日

采访地点：邯郸市临漳县临漳镇西岗村

采访人：张 伟 张 娟 焦 婷 张 娟

被采访人：黄富春（男　85 岁　属鼠）

　　上过学，10 岁上的学，日本人来了就停了，后来又学了四书五经，高小也上。日本人来了把书都烧了，后来平定了，又上学了。上的国家办的学校。解放后任大队会计。

我13岁时日本（人）进的中国。日本人不高，没咱们人高，穿的军装。民国26年进的，穿的呢子军装，戴着钢盔。日本人打到郑州就打不动了。

民国32年，河南省清丰县、华县闹大灾荒。咱这也是大旱年。旱到七月初下了雨，水大了。八月以后大水又来了，漳河水发过来的。平地里水齐腰深，水里捞穗，磨了吃。找野菜吃，下大雨，漳河水漫堤了，邺镇附近，三里屯决口了，齐腰深的水，家里房子都倒了，民国32年没倒，1963年倒了。民国32年有几口人，父母、兄弟，在家里劳动，磨粉条。

我没去逃荒，有逃荒到山西曲沃县，村叫走马庄，在那住了二年。村里逃荒走了一部分，没有都去。民国34年回来的，1945年日本投降。

民国32年，（闹）霍乱。瘟疫症不是灾荒年是民国28年。那年下雨多，水大，霍乱症伤了几十口子，咱们家伤了四口人，都扎，泻吐，头晕，吐得顶不住，不好治，治不过来。都扎胳膊，流黑血，治不好。日本人打针，村里老百姓不相信，不敢叫日本人打，都不相信日本人。那时我16岁，霍乱症，瘟疫病，俺家没拆灵棚，连续死亡，死了四名。那病传染，大娘、大爷、奶奶、四兄弟，四口子死的。岁数都60来岁，奶奶73（岁），兄弟12（岁），属鸡的，大娘大爷都60来岁，大爷给日本人看过，日本人戴着口罩，穿白衣服，针和现在一样，我见过，给大爷打过针，没治过来，吐，停了几天，就死了。

日本人光找病人，来了五六个人，戴着帽子，开着车来的，小吉普车。病人不敢让进家里，有翻译官。就来了一回，检查了一下，打了一次针就走了。没抽血，也有仪器听了一下。农历六月份，四个人得那病，奶奶先得，又大娘，四兄弟，最后大爷，很急，叫霍乱症又叫瘟疫病。

也下过大雨，地里有水，村里没水，没淹着房，房子没坏，村里因霍乱三四十来人死亡。黄庆也得这病三十来岁，埋了俺奶奶，在这儿帮忙。回家时肚子疼，上吐下泻，头晕，就去世了。王静，70来岁，埋俺奶奶，来管事的，回去也去世了，传染厉害得很。全村人都扎手，土办法，在上臂系带子，青筋上扎，扎出血能治，扎不出血就治不过来了。赵栋，40来岁，扎针，黄喜德，也40来岁，30多（岁），还有郭山，都30来岁。黄明让会扎针，一扎针，流血能治过来，不流血治不过来。他们吃蒜，消毒。

日本人也给黄庆扎过针，和当时老家对着门，没治过来，日本人给谢自合爷扎过针，他们家死了仁，死的有他老婆，兄弟的小儿子（侄子），谢自合60来岁，侄子几岁。郭学义也得这病，40来岁。有的藏了，有的躲在家，不让日本人扎针。那病后来就不多了，民国32年也不多了，也能治过来，防疫住了。数这村厉害，村下雨厉害，炉耳庄也有，杨安也会扎针，给扎好了，咱们这村最严重，这村里把他请过来。南岗村有个姓牛的，大名叫满屯，牛满屯也会扎针，村里请过来。

当时得病都是六月份，下雨，天一热，得病时间都是六七月份。六月份厉害，七月份就防疫住了，就停一停了，当时得病死人也主要在六月份，病是下雨后有的，开始得病就去世，后来就防疫住了。住的不好，吃的也不好，卫生不好，下雨后就有这病了，七月份能防疫住了，农历八月份就停了，八九月份种麦子时，这病就停了。

魏 县

采访时间：2007年5月6日
采访地点：魏县北坡头村
采访人：孟祥国　左　炀　段文睿
被采访人：常长堡（男　77岁　属羊）

日本人来之前，家里有叔叔、爷爷、父母、兄弟，家里有六七亩地。在村里地算最少的，地主有三百多亩的，年景好的，一亩地打七八十斤，种麦子、谷子，不敢种棒子，都让小孩偷了，吃不饱，再要饱，吃野菜，盐都是买的，也有吃不起盐的。粮还要上交，按地交，交不了多少。

日本人来时，我 12 岁。来了两三个日本人，还有皇协（军），日军里还有朝鲜兵。皇协军做坏事，经常来村里抢鸡，吓得妇女跑。日军带走不少人，带到黑龙江那里做长工。（有）一个叫常化春、一个叫常车和（的，都被带去做长工了），（后来）都回来了，现在没活了。国家给补助，常化春有后代，常车和没后代。马学秀也被抓走了，（后来）回来了，是成安县的。不好好干活就打，解放后就回来了。日本人经常去，不打小孩，给小孩吃糖球，敢吃，吃了没事。

民国 32 年，大灾荒，饿死天旱。还几个月没下雨，后有下大雨，离漳河八里地。水从漳河出来淹了，死了很多人，饿死了，那时没人管，有病就死了。记不清什么病了，吃草药。有看好的，家里没得这种病的，扎血，肚子难受。病叫羊毛顶，皮肉里面都是毛毛。见过得这种病的。得这种病的很快就死了，两三个小时就死了。

原来村里有 1000 口人。日本人戴口罩，日本人当街撒尿，不通人性，得病，日本人没来看的。

很多人逃荒，俺逃到长春西的公主岭、四平之间，主要是要饭为主，兄弟、娘、俺一起要，找舅舅，没找到，兄弟、姐妹第二年就回来了，大部分都逃到关外了，俺解放后回来的，那时也和兄弟寄信，没上了学。

采访时间：2007 年 7 月 12 日
采访地点：魏县养老院
采 访 人：张国杰　朱洪文
被采访人：冯　超（男　85 岁　属猪）

鬼子没来时，家里就我自己、几个侄，有一亩地，种点地。

鬼子从北边来，多少人不知道，不少，穿黄衣服。鬼子有飞机，鬼子没来前，飞机来，炸过县城。咱村没土匪，城南，白水村，在魏县，听说那里有土匪。没皇协军，那会八路还没来，西边往安阳去的。从大名有个炮楼，没给鬼子修过炮楼，鬼子去过我们村抢东西，我们就跑了。

民国32年最苦的那时候，我逃到河南了，村里啥情况，我在外面不知道，饿死的不少，说不清。民国32年蝗灾，三年没下雨。17岁当兵了。

那会儿有医院，得病的治好了。俺的部队在河南，有得过这种病的，大部分人治好了，得了病两三天就治好了。回来后听过，都忘了。

有被抓去当劳工的，俺村就有抓到日本去的，有个回来了，都死得不少了，俺村没有抓到过东北去的。

有过七天七夜的大雨，从御河、漳河过来的水漫过来的。

采访时间：2007年7月12日

采访地点：魏县生态公园

采 访 人：张国杰　朱洪文

被采访人：冯勤凯（男　82岁　属虎）

家在河东，家里就我自己了，有地我没有要，当时大队管吃饭。

鬼子从东北来，穿黄军装，发扫荡，建了很多炮楼，三里地一个炮楼，五里地一个钉子，十里地一个封锁线。有皇协军，炮楼里皇协军多。八路不少，在村里打游击。当时国民党跑了，是二十九军。村里有土匪。

1943年在骑军团，灾荒的情况不知道，听说过1943年有霍乱病。

采访时间：2007年7月16日

采访地点：魏县生态公园

采 访 人：张国杰　朱洪文

被采访人：刘柏林（男　78岁　属马）

家在谢单，魏镇公社，有爹娘和两个姐姐。当时有地，50亩，一亩地打 50 斤粮食。日本是九月过来的，鬼子从东北过来，有枪有炮，皇协军多。有土匪，老杂，都抢。土匪有郭在会，家是回陇的。村里那时有八路，少。有二十九军。

民国 32 年，没吃的，吃树皮，饿死的多，在成安饿死的有三分之二，逃亡的多，有出去多的，有出去少的。

那会儿后来下雨，霍乱症，没医院，上吐下泻，一个村成百死，村里人少，见过得霍乱的。

三里堡有个被抓到日本的。

采访时间： 2007 年 7 月 16 日
采访地点： 魏县生态公园
采 访 人： 张国杰　朱洪文
被采访人： 裴绍孔（男　77 岁　属羊）

当时家里有父亲母亲，奶奶没了，有一个姐姐。贫农地少，二亩地，家在魏县东代固乡，不够吃的，用钱买粮食，赶集卖木头。

鬼子从东北过来的，有枪，皇协军多。修炮楼，十来里一个，炮楼里住皇协军，大炮楼里有鬼子。去修炮楼，每家都出人，当天回来，（日军）经常打人，俺村没有被抓去当劳工的。

土匪抢东西，不跟鬼子打仗。

民国 32 年，闹年景，不打粮食，不下雨，闹蚂蚱，连天都遮住了。

民国 32 年，有霍乱症，成安死得多，魏县少，我家没有得病，见过死的，没人瞧，上吐下泻，连狗带人都死了。

成安饿死的人多，我们村饿死的不多，逃荒的多，逃到山西平安口外。

采访时间：2007 年 7 月 12 日

采访地点：魏县养老院

采 访 人：张国杰　朱洪文

被采访人：平建国（男　75 岁　属鸡）

我家七八口人，一个姐姐一个弟弟，地不少，10 多亩，不够吃。

见过鬼子，从北边馆陶逃过来，住炮楼里，抢东西，有皇协军，抢东西比鬼子还厉害。有土匪，"拉杆"，他和鬼子不一气。村里有八路，与鬼子经常打仗。

民国 32 年，几乎都出去逃荒了，秋没收，小麦没种上，村里饿死的人多，咱家饿死四口，村里每天饿死 10—20 口，用席卷，抬出去。有卖孩子的，咱姐姐 13 岁就卖了。

民国 32 年，村里有得霍乱，多了。收谷子那年撑死的多，那个病没治，村里有五口井，得了病上吐下泻，就死了。那会是没有医生，死的人很多，我家里有得霍乱的，四口，一个老奶奶、爷爷、我母亲、我婶子，老奶奶家宋氏，爷爷平怀玉，老爷爷平昌，母亲姓付，婶子姓王，当时我在家，我跟我母亲去要饭的。

给日本当劳工的多了，一个王德里去了日本，解放后回来，在那里编竹篓、下煤窑。在这里给鬼子修炮楼，就去河南逃荒了。

没有下大雨，后来以后连下了 49 天雨（民国 33 年以后）。

采访时间：2007 年 7 月 12 日

采访地点：魏县养老院

采 访 人：张国杰　朱洪文

被采访人：左　福（男　78 岁　属马）

家是杨桥乡的，桥庄家里有父母，没别的人了。父亲叫左战镖。那会儿没地，四五亩，要饭吃。

见过鬼子，从东北来的，穿军装，有飞机，猛一来时没皇协军，后来多，鬼子啥都抢，皇协军也抢。

民国 32 年，死的人多了，霍乱病，有蝗灾，（庄稼）没收。民国 32 年麦子种了，都淹了，俺家去逃荒了，去黑龙江，民国 32 年、33 年去的，是在二三月春天里，民国 33 年 10 月回来的。死得人抬不及，俺村死了 100 多口，剩了 160 口，有得霍乱的，得了的人很快死了。我得了，扎针出血。得了霍乱病一会儿就死了，村里一共三口井，五六月、六七月结束了，死得多的。

我自己从成安要饭去的，从邯郸坐火车去的。给的饭，（吃得）牙碜。后来不能干了，就回来了。

被抓劳工，有死到外边的。

永年县

采访时间：2007 年 10 月 1 日
采访地点：邯郸市鸡泽县双塔镇东臻底
采 访 人：姚一村　李　琳　石兴政
被采访人：史　兰（女　86 岁　属狗）

19 岁过来的，灾荒年我在永年史庄。我解放前入了党。

霍乱病咋不知道，秋天来的，家里人没得。村子里可多来，在腿、胳膊上扎针。

采 访 人：孙福斌　王　健
被采访人：张洪江（男　80 岁）

1943年灾荒，在山东永年县东杨庄乡，西杨庄村，永安县镇东。

民国32年，先旱后涝，霍乱病呕吐无法医治，很快死亡。村里因此病死人数不少。

邻居李老笑的老伴四五十岁，身体健康，能吃能喝，突然死亡，三四天内，（霍乱病？）1942至1943年这一段时间。记不清有很多得传染病。

当时喝井水，地下水。

乡里很多炮楼，日本人住县里（当时在广府），日本人在大炮楼里，伪军住小炮楼。日本人来扫荡时乡亲们外逃。

河北省衡水市

武邑县

采访时间： 2008 年 7 月 14 日

采访地点： 衡水市桃城区金秋公寓

采 访 人： 曹元强　王海龙

被采访人： 吕存义（男　76 岁　属鸡）

吕存义

　　我的老家在衡水市武邑县麻灰头镇麻灰头村，原来是一个镇，现在只是一个村。我在家乡上过四年学，我的父亲在天津，我在农村种地。家里的成员有奶奶、母亲、姐姐、我。

　　日本时期我记得很清楚，我记得 9 岁那年大旱，那年大旱比较严重，地里干枯，庄稼都没有了，旱情连着旱了两年，连草籽都吃光了。第二年麦子较好，那时我在天津上学，回家收麦子。民国 30 年在天津回了家，主要是我奶奶年龄大了，非要回家，民国 32 年奶奶去世，她是上了年纪去世的，家里买了四亩地把她安葬了。

　　那年疟疾比较严重，民国 32 年大旱，听说发疟疾的原因是因为麦子收下来就吃新麦，吃新收的麦子不好。疟疾的主要症状是浑身发冷，出汗，冷烧。我父亲是做生意的，是棉、粮、油经纪人，那年暑假回来时，父亲买了一大包金鸡纳霜，谁有腹泻的就给他们一些，许多人都过来要，疟疾今天闹了，后天不闹，也许后天再闹，厉害得有上吐下泻的情况。"发药子"在我们那就是疟疾，霍乱也闹过，主要是在夏天，大旱之后下雨，有时晴天也下雨。

村子里得疟疾的挺多，霍乱较少，没有大规模的霍乱，疟疾是因为吃东西不卫生。有家姓董的，是大夫，叫董呈祥，比我小两岁，离我们家很远，我们村有三里路长，不大清楚，只知道他家是得霍乱死的，家里只剩下一口人，至于他家里有多少人，我不清楚，最少应该有五六口人吧。

那时候我村比较大，有五六百户，有3000多人。民国32年，有许多人是撑死的，那时死人较多，他们抬死人管好饭，吃得太饱，导致肠子爆了。

我们离河远点，有点水就泄走了。滏阳河离我们那有十几里路。我们喝的是井水或者是坑水，没有日本（人）朝水井里投毒的情况。我们那里是盐碱地，水是咸的。那时有条件的家庭朝水里放点白矾，净化一下，但这样的家庭很少。

日军在我们家乡活动过，我们村里就有两个据点，一个在村西的范村，一个在村的北面一里多路，现在的106国道附近。日本人在附近的活动是有的，在村里抢粮食，糟蹋妇女，放毒瓦斯，这些是我见过的。放毒瓦斯主要是针对中年人，对他们进行拷打，进行一些审问，问是否藏了八路。他们试过瓦斯的人没有直接死亡的，好像大病一场一样，浑身无力。

日本人没有发过馒头。那时日本人在村里修据点，我也去修过，是日本人向村里要人去修，跟着一起去了。

日本人在村里成立过学校，发些服装。八路军是有的，八路军没有什么军服，在比较困难的时期，在堡垒户家里待着，晚上出来破坏电线、电话、喊话。那时国民党已经逃走，没什么国民党。我们的课本是八路军编的。有两套课本，是油印的。日本人来时就把八路军的课本藏起来，要不然老师也受不了的。

冀州市

采访时间： 2008 年 7 月 11 日

采访地点： 冀州市西苑小区

采访人： 曹元强 王海龙 宋俊峰

被采访人： 陈进甲（男 71 岁 属虎）

陈进甲

我童年时期经历了抗日抗日战争的全过程，日本投降时我 8 岁了，小的时候见过日本鬼子，也跟着大人逃跑过，躲日本鬼子。

我的老家在徐家乡北陈家庄村，大灾荒时我在老家。我的出身是农民。1943 年那年是颗粒无收，那时吃糠咽菜，吃野菜，但没有吃过树皮，家里地不多，有 10 多亩沙地，但还可以，6 岁时跟着奶奶赶集卖破烂时，还能买些好吃的。那时内忧外患，闹日本鬼子和皇协军。

1943 年大旱，没有流行性疾病。村里吃水都是砖井，没有机井。日本人没有朝井里投过什么病毒。

我的家庭成员那时有 6 口人，包括爷爷、奶奶、父母、我和妹子。村里有逃荒的，大多逃到新安镇，可能在鲁南苏北地区的一个地方。父亲赶大车，给别人送货，1943 年给人送货到衡水时，马车被皇协军拉去了，又抢走了骡子，父亲只好回家借牛把车拉回去。

当时村里有 200 户、1000 多口人、2000 多亩地，规模属于中等偏下的村。村子里没有霍乱，附近也没有听说过有霍乱。当时的困难是贫穷，但每家都有地有房。我家里有七八亩地，1946 年又租了 15 亩地，收成要交一半给地主。当时的地主家里有多少地并不清楚，当时的地主主要是家里人口少，种不了那么多的地，租地给我家的人成分后来也没有划成地主。

那年，我村里有一个姓赵的独户（赵子水），锅里的清汤里有点米，那米用纱布包起来放在锅里煮，锅里放些青菜，主要吃些青菜汤。我们当时连红高粱也没有，主要吃糠，当时吃的是谷子糠和各种各样的野菜，主要是树叶，主要吃槐树叶、柳叶、枣树叶，苦得不行，要泡很多次。山药干，红薯干也没有，是把山药切成片晒干，也买不起，买回 40 多斤压成面，掺些别的放在一起，虽然很甜，但上火。

本地没河，主要靠砖井喝水，当时是洋井，就是下去竹管，水从竹管里流出来，水质很好。60 年代开始打机井，主要是用铁管。当时日本人占领县城多年，可能有一个大队，看见过日本的飞机，当时叫飞艇，也不经常见，伪军多。

（陈进甲毕业于石家庄专区师范学院，历任冀县中学教师，中共冀县县委干事，冀县革命委员会宣传组副组长、垒头公社党委书记、革委会主任，冀县县委农村经济政策办公室副主任、政策研究室副主任、经济指导部和农村工作部部长，冀县政协常委、科长、办公室督导员）

采访时间： 2008 年 7 月 14 日
采访地点： 衡水市冀州市漳淮乡北内漳村
采 访 人： 常晓龙　宋俊峰　李　爽
被采访人： 耿志平（男　83 岁　属牛）

耿志平

我 84 岁了，属牛的，上过学。小学，上过洋的，也上过私塾。

1943 年我记得，民国 32 年，那年这里是灾荒年，没下雨，一直没下，一年都没下，八月下了雨，还是没种上，种的萝卜。

那时候没吃的，吃什么呢？就是早前余留的粮食，吃萝卜，整个就不够吃。下了一场雨，也就下了一天，耩的荞麦，我们这个地其实不适合种荞麦，这不是没办法嘛，那年就收了点荞麦，就吃这个。

生病的那会儿有，死得还不少呢，就是饥饿，没粮食吃，没其他的病，没说有什么传染病，没听说过霍乱病。岁数小的他们都不知道，我那时候19岁，没说有霍乱的，这个村没有，也没听说别的村有，就是有点饥饿。

我是个医生，我知道霍乱，这个病咱村没有。我是二十几（岁）开始学医的，我在中心医院待过，我就从那退休的，我是内科的。1943年没听说有得霍乱的啊。那时候咱听说民国9年闹过一回霍乱，听过老人传说，那霍乱厉害，有的人正走在路上，一吐一泻，就死了，那年也是闹灾荒。就从我记事，也没听过这边有霍乱，就听过民国9年闹过。

日本人那时候不大来这个村，主要是在周村，那边有个据点，有个炮楼，离这12里地，在北边，就靠近现在的公路。日本人也来过这个村，来了咱就跑，你不跑他打死你怎么办？有打死的，大多数的人都跑了。有一回我们村里这个游击队被日本人给截住了，把两个人给打死了，被打死的有个柴冬雨，还有个，他是七大队的队长，叫杨凤楼，他们就是在我村里给打死的，叫日本打死的，好几个呢。柴冬雨那时候是在村里打场，日本人过来问他有没有八路，他这个人啊嘴不大好，他好骂人，他一骂人就给挑死了，在场里挑死的。日本人，你说他还能行啊？结果他又叫人来了，那回日本人是上南宫去了。杨凤楼是日本晚上来了杀的，也可能是皇协军杀的。皇协军就是中国人投降日本人，给日本人办事，咱村这里没汉奸，咱这离日本据点也远，这里没有据点。日本人穿日本人的衣裳，皇协军穿咱普通的衣裳。皇协军也有好的，有的也不行。

这边强奸妇女的倒是没有，为什么呢？各村都有站岗的，一说日本来了，年轻的就都跑了，他们从东北来，咱就往南边跑，他们都是顺着公路走，跑不及也得跑啊，是吧？有时候跑啊跑，他没来，哎，白跑一趟。老人他一般的他就不走了，日本也不管老人，他来主要就是找八路，问有八路不？还有要粮食，是吧？没吃的，他要粮食。日本人没发东西，他还抢呢。日本人抓过劳工，那时候年轻的都跑了，耿宝库是在天津那边给抓走的，他比我大一岁，他那时候不在家，咱村里没听说谁叫抓走的。

日本人就是在日本投降的时候都撤走了，都撤到衡水了，走的时候他还能干啥？咱还揍他哩，那时候他都已经投降了，是吧？

采访时间： 2008 年 7 月 14 日
采访地点： 衡水市冀州市漳淮乡北内漳村
采 访 人： 常晓龙　宋俊峰　李　爽
被采访人： 耿宝库（男　84 岁　属鼠）

耿宝库

我那时候是叫日本人抓到日本去了，抓我们的是中国人，反正是日本人叫他抓的。我们先是在安东待了有一个多月，从安东装上船上了天津，一个船上 15 个人，木船，帆船，上面也没机器，就是装上个风帆行动。我们是从大连给运到安东，又从安东回到大连，韦德是去运那个木头，十几丈长，三四十米的，安东那边出的木头，从山上砍来的，运到大连，在大连卸了，又装的高粱米，上日本走，从大连上的日本。

到了日本的唐津，是个小地方，这是日本的最南角，那个唐津是和朝鲜的釜山隔海对立，当间夹着一个对马岛，我们就在唐津住下了，俺那个老大，是个天津人，你知道老大是什么吗？这一个船上，有老大、二老大、三老大，这几个就是头，下面就是船员，这一共就是 17 个人，有两个朝鲜人，朝鲜人是代表监督者，中国人一共 15 个人。

我们几个人在船上是船员，就是船到什么地方了，到哪里去，什么地方下锚，什么地方起锚、拉篷，俺就是干这个活儿。我们是 1945 年回来的，日本给降伏以后，我们还在唐津住着呢，这工人们就要求回国，那还有好几千人，都是中国人，他那是个照看所。就说那就走吧，就给装上了船，一个船四五百人，走的釜山换的火车，火车那会儿直通广州，大家想都能到广州，其实啊，到了汉城，他本来是在那过渡，结果说不走了，那会儿正打仗呢，说美国和朝鲜人正打仗，就在那停了几个月，住到了中国领事馆，领事馆管饭也管不起了，都是逃难的，从日本回来的。

那时候有从美国靠过来的兵舰，到了仁川，这是朝鲜的一个海港，仁川离汉城有 90 里地，合着是 45 公里，就说你们这些人到那边给人家美国兵舰卸货去吧，卸完了你们就上去，送你们回家，走水路，这旱路不通啊，正打仗啊。在那里干了几个月，正好，说有一个船上天津去，正好，咱上天津走吧，登记了，到天津的一个船都满了，一个兵舰上装了也得有三四千人，到天津的时候是阴历的腊月二十三，我还记着这个日子呢。1945 年，从八月走了，光在汉城就卸船卸了俩来月，卸完了还要这个，还要哪个嘞，一看他娘的他这是蒙人的，我又回到汉城，步行走的，走到汉城，那边还有一个船上的人也是，停到汉城了，那边有一个老中医登记，在门口登记，我就找他去了，看咱是走啊还是怎么着，一看领事馆贴了布告，说谁有走的来报名，就报上名了，就站队。

从汉城坐火车到木古（音），朝鲜的一个海港吧，在木古（音）上了轮船，去了天津，开了两天，到了天津，到了哪呢？我都忘了，到了塘沽，那会新港还没修呢，就塘沽离天津有 90 里地，就走的那边，就下了船了，坐了火车上的天津，到了老龙头车站，这就说到家了。然后就往家走，有啥钱啊？那时候在船上的时候一个月给开 80 块钱，可是还刨你这费那费，也就落一半吧，就是这样，在船上还不管饭，你还得花钱。

这么算起来，在日本一共没一年，在大连过了年正月十六开往日本，到了那里老大说这船得修理，漏水了，就修吧，那边船位也有限，都是挨，挨到了才给修，修完了就下水，这个王老大，咱也不知道他叫么，反正就叫王老大，他和几个人在船底下凿了几个窟窿，说这个不行啊，这光漏水，这不能出海啊，就是为的不下海，这下海危险多大啊，你想就这个小木船，是不是？

我那时候成天和日本人在一起，说实话，日本人说话和蔼着哩，就是皇协军，这个下边的人厉害。也没学会日本话，我们那时候就是在船上，也不和他们接触，见过是见过，不打交道啊，那时候也年轻，就在船上耍玩，吃了晚饭就跳水，你也跳我也跳，就在那玩，就在那过了一个夏天，也根本没忧没愁，有愁也没用。那时候外面有买东西的，俺们想出去剃头，溜达溜达，就找大鬼二鬼，说行，你们去吧，找三个人，但是不能是一个船上的，还有一个要求必须排着队，大的在前头，小的在后头，就齐步走，见了警察还得打立正，那警察都是五六十岁的老人。那时候就是好奇啊，年轻着哩，就是想看看他那个地方什么样，他那地方也是农村里，街道不宽吧，田里都种的东西，南瓜、丝瓜都有，他拿土地当地。

采访时间： 2008 年 7 月 11 日

采访地点： 衡水市冀州市码头里镇李后院村

采 访 人： 常晓龙　宋俊峰　李 爽

被采访人： 李进成（男　73 岁　属鼠）

李进成

我上过学，那先的时候是念国民党的书，再原先的时候是念日本鬼子的书，解放以后就念共产党的书，就是这么个事。那时候日本的书，并不是他的字，他也是印的跟咱的书一样，就是咱的老师给讲，不过那个书的质量很好，色道也好，书的内容也不全是侵略那些内容，那时候就是念"天亮了，早早起"，就是这个，就主要接近咱这个生活上，一样，那时候我们就是半年级一年级也不是懂政治的时候，他也不讲这个。

1943 年记得，那年我在家，虚岁八岁，那一会儿咱们码头李这个地方是比较这个集中比较繁华的地方，繁华成什么样呢？那时候这个石德线，从石家庄到德州这个线，还没有，有京汉线，从北京到汉口，所以运输呢，就得从天津上船，到码头李来卸货，那时候北边的一些县，还有南宫，这些县所用的日用品，都是从这码头李卸了船以后，再拿大车运到四面八方，所以码头李这个地方是个中转地，比较繁华。原先的交通忒不好了，都是从天津拉过来，这个煤炭啦，布匹啦，沿岸一切的东西都需要，所以码头李这个地方比较繁华。可是日本鬼子占了以后，也就繁华不起来了，这日本鬼子他是烧杀抢掠，他看见好东西了，他抢你点不要紧啊，他还破坏你，打你的人，伤害你。

码头李这边有三个楼，三个炮楼，碉堡，在码头李桥的东西一个，当间一个，一共三个。日本鬼子就在哪住？从我这个房子100米就是滏阳河了，他们就在河南边住，鬼子不很多，当时他们也带了一些妇女来，所谓妇女，咱就叫她日本娘们，实际啊，据我听人家说都是高丽人、朝鲜人，她就是随军来的慰安妇啊，具体有多少不知道。住的也有小孩，也有中国人，大部分是中国人，中国人就不在这边住了，在岗楼上住，中国人是伪军，皇协军，他们出去扫荡，抢你的牲口啊，粮食啊，家里的贵重东西啊，糟践妇女，日本人不出去，回来东西归他。我再给你说一个不大科学的事，我们住这非常安全，三里地以内他不叨扰，他出去就是十几里，甚至几十里，兔子还不吃窝边草呢，你说是不是？

民国32年我们这里是大旱年，"碌碡不翻身"，我给你解释一下，庄稼收了以后，俺这边压庄稼要用碌碡，石滚子，在这场里压粮食，压好了以后把秸秆去了就是粮食，压的石滚子就叫碌碡，套上牲口，为什么叫"碌碡不翻身"，你根本没粮食就用不到碌碡了，翻不了身，就是这个意思。吃什么？就卖儿卖女，送人，谁要送给谁，有比较富裕点的，富农啊地主啊，甚至于不是地主不是富农，你好比说他家里人少吃的多，这样的人家也要，就把闺女小子都给人家了，要不在自己家里就饿死了，对不对？饿死的多了，一个叫李连所的，他饿死到哪了？就在冀州有个西野庄头，他就饿死在西野庄头的庙里了，连冻、饿，死了。

那会儿一个是生活上，再一个是社会上，刨除伪军以后啊，还有点地方的坏家伙们叫土匪，他就是穷，谁家里有点，就弄你的，弄不到啥，也可能烧了你，也可能杀了你，也可能绑你走。土匪遍地都是，一伙一伙的，他们还和伪军勾结，他们用的枪就是伪军的，从伪军那里把枪领出来，抢了东西回来再和伪军分。

有这么一回事，我和你说说，码头李这儿的土匪，一是多，二是厉害，听见过宋家庄有一户比较富，地主吧，离这三里地，他晚上就去了，一去，人那一户，人宋家庄那时候就有八路军了，打了一阵也没进人家那院，可是这小偷他不能空手回去啊，又看上一户他家那房挺好，就去了，正好这一户就一个老太太，家里存着钱，现大洋，这老太太也挺利索，一听是要钱的，就把钱都拿出来了，拿出来了多少咱不知道，这伙人有 20 多个人。出了村，这个头就说："哎，要是咱抢点衣服啦咱就和他分，这现大洋就别和他们分了，咱几个分了吧。"这几个人就分了，然后这里面啊，你说他哪能分得那么均啊，有大头、二头、三头、四头，有一个最小的，他分了一块大洋，他心里不高兴，人家都回去了，他拿着这一块现大洋上了炮楼，往桌子上一拍，说"老子不干这个了"，问怎么回事啊，他就都给说了，怎么怎么的，说我就分了一块，我不要这个，他一说这个，这楼上的这些人气坏了。这些人背着包袱，也不知道又从哪里来的，往和东边走，对面已经支上机关枪了，好家伙！嘟！嘟！嘟！全给扫了，那一家伙，那帮人，没活的。到第二天这河里都是尸首，这我是亲眼见的。现在我就和你说这个社会情况。

那时候人都不知道怎么死的，还看病啊？我跟你说啊，那真是吃荒菜都没有啊，他不下雨啊，这庄稼人和你们城里人不一样，这个庄稼人家里都囤着粮食，就是囤多囤少，好点的户，五年不收，没问题！就是不好的户，也能混半年，不像城里人说我吃一顿买一顿。所以说，当时不是说饿死的人很多很多，反正有，他就是没有也是投亲戚，借一点，有一回俺村一个小孩到俺家来了，说："婶子婶子，俺娘说了，叫你给俺点干粮。"

得病死的，我不大知道，因为我那时候虚岁 8 岁，反正我知道有抽大烟死的，大烟它不是毒啊？他这个身子，已经很多毒了，他又连饿带有点病，就死了，有的是这个。霍乱有，霍乱这个东西是传染性比较强，反正从我记事，咱们这十里八里的不厉害，我听说这个霍乱上来以后就是你传我我传你的，再说那时候医疗不行，有中医你也没钱买药，就算是平常年头，能看病的也不多，庄稼人种的那点东西，换不来什么钱啊，没有那个条件。这个霍乱我也没亲身见过，这个东西就好像那一年的那个SARS，传染性特别强。

民国 32 年这边没有水，别的地方也没水，一直到天津，我们这里没有水，他们那儿也没水，这个滏阳河发源在邯郸，它离咱这大约有 200 里，都旱了那年。那时候等到六七月的时候下了雨，下得大，下透了，这个时候人们就种了点东西，荞麦、晚谷子、小米，有的就种点菜，萝卜、蔓菁，这就算过来了。到了民国 33 年，那就非常好了，怎么叫非常好呢？这地里都种上小麦了，这小麦一收，好家伙！你说去年一年没收，这地就是收得很好很好了，这家家户户就都好了，吃什么呢？小麦窝窝、小麦烙饼、小麦蒸馒头，就比民国 32 年强多了。

我跟你说说发大水，大水是在 1956 年，村后的地里水到了脖子这里。1963 年又一回，我为什么记得这么清呢？我是 1956 年考的中央机械部第四分校，叫 264 工人技术学校，我们这一批学生啊，有你们山东的一半，你们山东的有 1000 人，都是青岛的。咱们衡水地区深县、武邑、安平、冀州、枣强、衡水，这几个地方一共招了大约 1000 人，我是其中的一个，就上了宝鸡，也不是宝鸡市，因为我们上的学是兵工厂，在山沟里，在宝鸡县 264 工人技术学校，我就在那念书，那个学校是苏联办的，苏联把合同一撕，后来就走了，那时候书是苏联的，设备是从德国、日本、英国买的，工具嘛的。他一走就把我们合并了，合并到大同 212 工人技术学校，这中央机械部的学校是长春、大同、宝鸡、包头一个，我在那当了两年的实习老师。后来又把我调到了这边，上了 30 年的班。

码头李这里，日本鬼子是 1935 年来的，起这个炮楼是 1945 年，一共待了 9 年。他们是坐轮船来的，这边交通方便。日本人还检查身体？他们顾不上这个。

他们走的时候，他们给冀县的鬼子打电话，他们电话通啊，说你们赶紧来，现在八路就在我们这个村里。就间着河，河南是码头李，河北就是俺这个村，他那个炮楼离河沿多说了有 200 米。这八路军从宋庄来，往这边走，挖的地道，这人在里面不能立着走，要猫着腰走。八路军过了河，这一户一户的枪都已经掏空了，掏到炮楼那里去了，日本鬼子和伪军在炮楼里面他不敢动。这每天八路军就喊话，用喇叭："你们完蛋了，炮楼底下已经堆了柴火了，多会儿多会儿，你不投降，我一点你就完蛋！"给他把水也断了，那时候就没有电，你说他们在上边，他不好混啊。打了电话以后，伪军开着汽车就来了，走到了王庄这里，还有三里地，还没走到这，这边炮楼已经给点啦，冒烟啦，他们一看，这没救了，一冒烟，你去救也救不了了，他来的兵也不多，扭头就走了，炮楼里的，死的死，活的就捉住了审。

这边有两个给公审的，都是在码头李炮楼的，一个叫韩春燕，他是韩马庄的。俺这里有四个庄，韩马庄、码头李、码头王、李后院，同在滏阳河边上。他在炮楼上是个小队长，这是一个人，还有一个是严家寨的，在西边，叫唐冠家，这个人文化非常好，他是给硬带上炮楼的，叫他干什么？叫他编歌，骂八路军，骂共产党，他不编不行啊，他在那个位置，这两个人被审了。公审的时候呢，在 1949 年，码头李有一个大戏楼，啥时候建的我不知道，跟故宫里慈禧太后看戏的戏楼一样，两边都有一个大明柱，就是顶着戏楼的，一个柱子绑一个，西边的绑的是唐冠家，东边绑着韩春燕，韩春燕这个人他是小队长，他经常领着皇协军出去扫荡，第一是抢东西，第二是烧、杀、打，穷人家里他不去，富裕家里有大闺女小媳妇的，都抢走了，抢不走的，就给糟践了，这边很有一些大闺女，是叫他糟践死的。开公审大会的时候，这边周围的都有冤的报冤，有仇的报仇，都来了，嗬！都问他，抢的哪家的闺女？干了哪些坏事？一样样的问他，是不是？！打！最厉害的拿着皮带，也不管脸也不管身上，就打！多会儿打得没劲了，叫下去，再换一个，这一换，上来打韩春燕的人，不下 40 个人，上来就打，打了个半死。起初的时候，才打的时候，和他说了，你好好地坦白、认罪，从轻判你，很可能就不枪毙你了。完了以后，随着红笔一勾，枪毙！一说枪毙，他俩都蔫了，走也走不动了，吓得，就叫人拉出去了，"啪啪"两枪，就不知道死到哪边去了。

以下为在滏阳河边采访的记录：

那时候我们住在这边，日本人就住在河对岸，就在这个房子这里，我小的时候就在这玩。那时候的滏阳河一年四季都流的，不像现在，那时候从码头王到韩王庄这一片，河两岸，一到晚上，都停的船，卖吃的，卖货的多了，都打着灯笼。码头李这里一停船，就是几百只，这个河水比现在宽得多，当间里就走不了船，为什么，这就跟赶集一样，有专门的人指挥，你往这边，他靠那边，这样他才能出去，要不走不了，那时候太热闹了，现在没有消费者了，就成了这样子。那时候你算算，100只船得多少人？一条船上有15个人，这得多少人？这吃喝拉撒睡都在这边，所以说，你现在哪有这么多人？就这么个情况。

故城县

采访时间： 2008 年 1 月 23 日

采访地点： 衡水市故城县迎瑞花园小区

采访人： 李 龙 宋执政 杨向瑞 孟 静

被采访人： 陈桂清（女 74 岁 属狗）

陈桂清（左）

我是参加革命以后上过学，老党员。1943 年家在十里铺，在故城东南。

当年有雨，旱，蝗灾有。春旱，秋后下雨，涝，下了七八天，那时柴火也没烧的，做饭做不熟，各处滴水。当时家里有个小妹妹，父亲、哥哥没参加革命，母亲、妹妹，五口人。都是下雨下的，内涝，坑全平了，秋后天了，夏天涝。

下雨以后，村里都闹霍乱，各家死得不少，刘桂山家五口死了三口，别人家也有。人心惶惶的，都知道传染，不能上他家去，采取嘛措施不知道。吐，听别人说，抽筋，不是就死，病一段时间。扎胳膊，扎出黑血，我听说，没见过。两个老中医陈孟庚、陈孟男，开中药铺。也有扎过来的，也有死的，治的时间长或措施不得当的死了。抬出来的，那时候出殡不像现在这样，找个棺材抬出来。不知道别处，只知道俺那村。传染，那时不打防疫针。那时得这病的挺多。条件好的吃个药，中药也能吃好，连扎针带吃药，放放血，就能治好，得喝水。当时都知道是霍乱，挺害怕的，不记得谁好了，记得死人了，人们说起来挺害怕的。

没见过穿白褂的日本人。挺恨日本人的，父亲，哥哥做地下工作。当时也有发疟子的，伤寒，长疥疮。霍乱，几年一次，不经常发。发疟子年年有发的。得疥疮，身上痒痒，这地方脏。

那时喝河水，用白矾弄清喝。喝河水，有专门弄清喝。咱这儿没逃荒的，有来咱这儿的，没有死多少人。

飞机一来就跑，有轰炸的，也有投放的，我那时在郑口上小学，放学的时候，投放炸弹，一到这时，郑口人多，就跑。我吓得跄着了。

采访时间：2008 年 1 月 24 日
采访地点：衡水市故城县杏基乡养老院
采 访 人：李 龙 宋执政 杨向瑞 孟 静
被采访人：郭洪泽（男 72 岁 属鼠）

郭洪泽

我 8 岁那年，快夏天走的，待了一年回来。下雨下了 40 天。蚂蚱灾，蚂蚱不过 5 分钟，完了庄稼，那年就是干旱，先干旱后下雨，房子都倒了。我家是武城的，有疾病（流行），走十大里地就有死人，从武城到郑口来，村里有死的。一路上，出来扔了好几个小孩，饿的。从武城到郑口，哪一年不决啊，汉奸挖的，新武城，那地方洼，不让挡，你自己扒，（谁扒）

谁有权谁谁说了算，没见过。

地里没东西，全家一起去大连，从大连往北拐了好几个地方。搭日本的火车去的，到东北去了。从德州到县城倒车。从天津到沈阳，再到大连，去修铁路。日子过得还行。我从大连知道的霍乱，有上吐下泻的人。咱这儿的人去那儿干活的人得这个病。有钱就治，没印象咋治的。大连本地得病，那病死得不快。

咱这儿大部分被抓到沈阳、大连（去了）。

采访时间： 2008 年 1 月 26 日
采访地点： 故城县建国镇霍庄
采 访 人： 李 龙 宋执政 杨向瑞 孟 静
被采访人： 郭金声（男 81 岁 属兔）

郭金声

民国 32 年，日本人已不疯狂。灾荒，旱，先旱后淹，运河日本人扒开口子，淹这儿。共产党也知道，日本人扒开，自己没见过，在临清以北，铁窗户那扒开，淹八路军。老宅子高的，被淹了。越开口，越下雨，一丈多，三米来深，造个小船，没船了。地高不一样，有雨水，也没种上庄稼。就是山上过来的水，平常水的颜色，漳河往运河淌。决口，水都上北去了。一直到景县。种麦子时开口子了，水淹了两个来月，把庄稼都淹了，七八月份，决口正是收秋，谷子、高粱高，能长粮食，群众赶快抢庄稼，棒子就被淹了。

那时有霍乱病，那时没广播，死多少人也不知道，俺村没有，没传染病，没西医，有中医熬药，有扎针放血，扎扎放放血，我见过。头疼，肚子痛，扎扎针，放放血，请个药大夫，抓副药，他说是霍乱病，把脑充血，脑溢血也叫霍乱病。生疹子，有死了的，长疙瘩，不该那么治，治死的。

死了多少人那个情况不清楚，反正有死人的，各个村都不知道，知道有死的。

有卖东西的，也有逃荒的，有变卖东西的。咱这儿没抓去劳工的，有在路上抓去日本下煤窑的。有些当汉奸的，一个县不超过一连人算一个排日本人，他修了桥，没船摆渡。在三里庄，杀了七个人，就是那一年。不知道日本人穿白大褂。

咱这儿都是八路军，没国民党，共产党也得靠老百姓吃饭。两边纳粮，共产党靠群众，共产党要谷子，放得住，所以是小米加步枪，碾了米以后给他送去，黑了送去。日本是公开的。

生过蚂蚱，1942 年、1943 年（生的是）小蚂蚱。

采访时间：2008 年 1 月 23 日
采访地点：衡水市故城县迎瑞花园住宅小区
采访人：李 龙 宋执政 杨向瑞 孟 静
被采访人：郭念文（男 74 岁 属狗）

1963 年洪水时，灾区 9 个村支部书记根据口述综合得出数据，当时为忆苦，为《故城县水利志》第 92 页记载的民国 32 年逃荒的来源。

郭念文

本地东部京杭运河，清凉口，排沥河道。1963 年上游运河西岸决口一直淹到天津。1939 年鬼子在时，小第八坝决口，鬼子在时咱这开口子。（手指地图）

我去兰州、天津、北京、武汉、济南跑了好几次，出版社出的书都有。

我那时在城里，蝗灾（闹得）厉害，看天，太阳都遮住了，那时候好像什么似的。蝗虫一走，庄稼都被吃光了。对水印象不深。

打防疫针这事不清楚。那时太小，记不得了。很害怕，经过宪兵队上小学，听到里面打人。

马东坡

采访时间： 2008 年 1 月 24 日

采访地点： 衡水市故城县杏基乡养老院

采 访 人： 李 龙　宋执政　杨向瑞　孟 静

被采访人： 马东坡（男　80 岁　属蛇）

日本在这儿，年头不济，地里不收庄稼，不下雨，旱，没遭过蝗虫，到后来下大雨，下了 40 多天大雨。

我上了南京，有上煤窑的，俺村招去的，穿着大袍，春天去的，春天到了德州。卖了被子，买了吃的，日本人没来接，说好来，招的民工去的，去砍草。

采访时间： 2008 年 1 月 24 日

采访地点： 衡水市故城县杏基乡养老院

采 访 人： 李 龙　宋执政　杨向瑞　孟 静

被采访人： 庞玉章（男　81 岁　属龙）

天冷，地冻裂，有天旱，不下雨，没有水，庄稼旱死了。遭了灾了，家里没吃的，放过粮，地主借你粮食吃。十五六岁逃荒到山东，秋后逃去的。打工吃不好，山东人也逃荒，逃到东北去了，从这儿逃到山东，山东有逃到东北的。

下过大雨，七月下的，下的有三天三夜，都下淹了，半尺深，运河决口，水大，从上面来的水满了，没听说有人扒口子。

有得病的，是霍乱病，没下雨以前，发高烧，头疼，吃不下饭，死的人也不少，那时没医院，卖野药的，神婆，找不到医生，有上吐下泻，闹肚子，那病也招人。下雨以后这病就消失了，没人得这病了。有偏方，村里传的偏方。村里嚷嚷说是霍乱。所以知道是霍乱。我见过，上吐下泻，也发烧，动也走不了了，就躺着。也有治好的，野菜、大葱、白菜疙瘩熬水喝，多少年了，记不清药叫啥名字。房庄区庞庄村人，七八十口霍乱死的，各村都有这病。都是听亲戚说的。春季得这病。

那时村里有 400 多口，秋后逃到徐州，村里很多人都跑到那儿去了，有讨饭的，有打工的，因为天不下雨，逃荒去的。那儿也有得这病的，俺村去的也有，在那得病死的五六人，住棚，受潮，原来没得病，在那儿得病死的。搭棚，用草铺地死的，我没见，听俺老人说的，有得那病没回来，死在那儿了。

有过蝗灾，不记得哪一年了。

日本人"三光"政策，杀光、烧光、抢光。我见过。日本人在这儿驻扎，杀人、抢人、放火、抢牲口，有日本人，大部分是汉奸。15 岁那年当兵，是 1944 年，当兵解放了故城。

采访时间： 2008 年 1 月 24 日
采访地点： 衡水市故城县杏基乡养老院
采访人： 李 龙 宋执政 杨向瑞 孟 静
被采访人： 史明兰（女 80 岁 属蛇）

史明兰

俺家穷，姊妹多，七人。我那时小，吃不着饱，吃素，人又多。又穷，没嘛吃的。蚂蚱、棉虫可多了，棉花都被吃光了。

有大旱，下过大雨，南沙河、北沙河都是水，下雨下的，水大。不知道扒口子这事。旧城那地都知道，可不有长病的，小孩有淹死的。得病没钱。不知道招人不招人，招人的病很少很少，病了不出门了，在家里。有得霍乱病的，男的女的死了好多，没听说招人，不知道症状。俺听说有时候人病，俺小孩不能去，俺在家，哪儿都不去，不知道咋治的，听说有这病。老中医都死了，现在有两个姓郑的医生小我几岁，在丁字街那儿。没人给打防疫针，没见过穿白大褂日本人。

日本人可坏了，我哥哥比我大三岁，他出外面去了，日本人找他，要抓了，他就藏了，（找到后）就杀了他。那时南关死的人不少，叫日本人打死的，俺叔叔叫日本人打死的。那时我 11 岁，不懂这事，过年 1 月 21 日就 80 岁了。俺哥哥死在东北了，没路费，拿了些衣裳，日本人抓他，吓跑了。闹不清有没被招工的。

采访时间： 2008 年 1 月 26 日
采访地点： 衡水市故城县建国镇霍庄
采 访 人： 李 龙 宋执政 杨向瑞 孟 静
被采访人： 孙忠昌（男 83 岁 属虎）

孙忠昌

1943 年不在家，出去了，1941 年开口子了。听说是铁窗户，说日本人鬼子扒开的，淹八路扒开的。

采访时间： 2008 年 1 月 24 日
采访地点： 衡水市故城县光荣院
采 访 人： 李 龙 宋执政 杨向瑞 孟 静
被采访人： 王章树（男 78 岁 属马）

穷，没上过学，有鬼子来。

1941年、1942年，三年不收。天旱，三年不收，一亩地两三百斤粮食，三四百斤，地主收走了。上面是军阀，下面是地主。我父亲给人扛活，给地主干活去。一家人围着吃，才一捧棒子，吃糠多，解不下手来，拔杆。

旱以后下点雨后，生活就好点了，死的人很多，水土不服死的。当时在家里没出门，纺线到街上一卖。邢庄的没什么病，那时死人多，没什么医院。没有听说过上吐下泻的人。

王章树

景　县

本次摸底调查时间为2008年1月22—28日，持续一周。

本小组走访景县相关政府部门共计12处，查阅了相关文字资料。据《景县志》记载：民国32年，由于敌人的封锁、扫荡和蚕食，群众无法进行正常生产，加之发生大旱灾、水灾、虫灾和雹灾，农民收成无望，外逃者甚多。

据景县党史办公室所藏《抗战时期河北省景县人口伤亡和财产损失的调研报告》：

"日军占领景县期间的1943年，景县南部大面积霍乱流行……其中最严重的乡镇：景州镇、青兰乡和王瞳镇。病人症状是全身血管发黑，言语不清，一天多就死亡了。通过这次走访调查，全县感染霍乱死亡人员：景州镇76人，青兰乡93人，王瞳镇23人。"

据该部门负责人员：在以上调研中，未能确认霍乱与日本军队使用细菌武器之间的关系。

据《景县水利志》："民国 26 年（1937 年），日本侵略者占领景县，南运河堤防惨遭破坏，民国 32 年（1943 年）7 月，河水不大，就在安陵决口，抗日民主政府在艰苦的战争环境中领导人民堵复，次年（1944 年）7 月，南运河又在东光县霞口决口，日本侵略者为掠夺而保护津浦铁路线，根据洪水"上升下落"的道理，日军在景县安陵曹院村东炮击运河西堤，掘堤二十余丈，造成景县东北部和下游阜城县被淹。"

周末，我们到运河西岸安陵镇曹院和苏老家村采访老人，确认以上史料，据老人们的记忆，当时运河掘堤未有炮轰西堤一事，但是日本人强迫当地村民掘堤。此外，在洪水泛滥前后，当地疟疾较为流行，而霍乱较为少见。

景县洪水与霍乱发生时间均为 1943 年，但发生区域不同，洪水发生在景县东北部，而霍乱流行发生在景县南部。洪水与霍乱的内在关系还有待进一步的调查。

另外，在调查中，我们还发现多处文字记载提到：1945 年，日军向地道内施放毒瓦斯，导致多人伤亡。

河北省邢台市

广宗县

采访时间：2009 年 8 月 30 日

采访地点：邢台市巨鹿县林庄乡林庄村

采 访 人：矫志欢　孙维帅　李晨阳

被采访人：毕爱春（女　77 岁　属鸡）

毕爱春

我叫毕爱春，属鸡，77 岁。

发生过旱灾，不记得哪年啦，发生过好多灾，跟我爹我娘逃吃去，我爹不愿走，大概十一二岁。那时在娘家，就是现在的广宗县。不记得旱灾是几月。没有发过大水，1963 年发过，不记得运河发过水，应该没发过。

旱灾的时候日军没来，灾情挺严重的，有人逃走，我们没走，爹让走哩，娘不让走，没吃的东西。有蝗灾，蚂蚱可多啦，一飞一片，东西就没了。吃荸荠，还有一种吃的，叫菱角。

刚记事就嫁过来啦，大概有七八岁，不记得多大，顶多十来岁。灾年过后就好啦，嫁过来时，村上还有炮楼哩，是抓人去建的，抓去的人让吃饭，但是不叫走，炮楼盖好才让走。吃得好，不到哪里去，给点吃的就吃，不给就不吃，不让送饭，晚上就住炮楼里。日本人没抢我们，皇协军抢我们，他们是中国人，而且很坏，抢我们东西，棉花、被子、鸡，抓住就炖，我们饿时啥都不给。共产党好。日本人不光抢我们，在村里横行霸道，姑娘在脸上抹灰，都不敢留辫子。姑娘很年轻就嫁了，不敢在村里待，人一来就走了。

有霍乱，大概是五月份，有西瓜的时候，都说那叫霍乱，染上就死，上哕下泻，呕吐，流行病，死的人多，不论大小，得上就死。一个村庄死多少不清楚，反正没一半，怎么得的不知道，就突然得了，就大灾吃那年得的，俺爹、俺姐姐得霍乱死的，俺姐叫爱芳，俺姐比我大一轮，也属鸡，俺姐二十多死的。啥时得的死的不知道，那时出嫁了，嫁到广宗东岭。那病传染，村里不让人乱走，跟"非典"一样，那时还没现在管得严，没人治，没人管，得了就死啦，死了拿席子一卷就扔了，有大夫，治不起。

当时村里没日本人，日本人来得晚，霍乱之后才来。我姐是霍乱，当时她在坐月子，就我姐（得了霍乱），其他家人没得。

日本来时我七八岁，不记得啥时走的。共产党把日本人炮楼弄倒了。

1943年咋没飞机，飞机很多啊，那飞机没扔过东西。那没有，1963年灾害时，共产党的飞机往下扔吃的。那时哪有国民党?! 国民党当时都没露面。日本人不穿白大褂，大夫穿。

采访时间：2008 年 1 月 24 日
采访地点：邢台市威县贺营乡东中营村
采访人：齐一放 苏国龙 蒋丹红
被采访人：严秀英（女 76 岁 属鸡
  娘家广宗县杨樊村）

严秀英

我九月结的婚，西边 12 里严发村，西边那个县是我娘家。发大水，俺逃山西洪洞县，俺叔叔、姑姑、兄弟姐妹都去了。逃到山西洪洞后，小孩的姑姑一直没回来。

那年一地蚂蚱，我记得在地里打蚂蚱，光记得还小呢。庄稼是谷子，都让蚂蚱吃了。饿得孩子哭，挖坑把蚂蚱埋在坑里。

没有大雨，没淹。光记得蚂蚱。听说过霍乱转筋，下了七天七夜的大雨，在地里搭个屋。我 16 岁，在娘家屋里搭个屋。我不记得坑里水有多深，反正坑地里有水，淹了，饿得孩子哭。房子受潮了。那个病不转筋，看不好都死了。没有医生，光抽筋。有好的，有死的。有得病的，有不得的，俺爹也转筋。

搭房屋，捡柴禾，没啥吃。俺爹医好了。他是吃不饱受了潮才得病的。俺奶奶没转筋，就在家里得的病。

我见过日本人，人牵牛就跑了，光剩小孩、老婆。逮小鸡，逮着就吃。他们到我家要东西。我们知道皇协军，有刺刀、铁箍。

采访时间： 2009 年 8 月 18 日
采访地点： 邢台市广宗县东召乡东召村
采访人： 刘 欢 张 娟 于 哲 张冉冉 陈绪行
被采访人： 景冠亭 （男 70 岁 属虎）

我叫景冠亭，景色的景，冠军的冠，亭子的亭。今年 70 周岁整，属虎的。1956 年上过小学。大灾荒那年（1943 年）没有上学，那时候日本人在呢！

当时日本在这里，人心惶惶的，我们村里的情况还算是比较好的，反正是还能吃上饭。这个庄稼得从两个方面来说，现在来说，这个夏茬亩产五六百斤，甚至八九百斤、一千多斤；可是在那时候呢，平年亩产也就是 30 斤，好一点的也就是 100 斤左右，一年才种一回。大灾荒那年，别的地方我不太清楚，就我们村来说，我也不知道是谁家死的，这个村 1000 多人，每天都有一两个抬出去埋。生活呢，有的好一点，有的在地里找野菜吃，有的连枕头里的谷秕子都吃完了。有一家，上面两个老人，下面三个闺女，什么吃的都没有了，后来就吃土，吃胶泥。还有的逃荒出去了，有的就卖儿卖女。

干燥，整年无雨，就下了一次雨，夏天下的，下了之后我们就抢种了一些庄稼。我还记得当时民间流传的两句格言：中华民国32年，老天爷不下雨过着灾荒年。那时候不下雨就种不上地，种不上地你就不能收，就没吃的，而且军阀混战那时候就是担心害怕。现在的平年跟过去的平年不一样，现在遇到个灾荒年，把以前攒的粮食拿出来也能过。

那下完雨以后，这有没有人得什么病啊？我也不知道是什么病，那时候都紧张，自个还顾不上自个呢，谁还去打听别人啊，最后我听说有瘟症，那时候天天有往外抬的。我那时候是跟着我祖母长大的，那也都是群众流传下来的。

闹蝗灾我记得有好几次，1961年有一次，我听别人说，平常没有蝗虫，这蝗虫到底是怎么来的呢，是温度、气候达到适合的时候才出来的，蝗虫来的时候连苗也没有，把庄稼都吃完了。

灾荒年那年父母抱着包袱逃荒，民国32年即1943年，春天走的，到宁河县去，天津附近，百十里地，待了几个月。我没有去，我那时候跟着我祖母呢，有许多人都死在外边了，我父母回来了，活到八十六。那时候我们东召村1000多人，也就剩下几十口人了，死的死，逃的逃。

我们村东就有日本人的炮楼，那时我们这儿还是革命区呢，八路军还在这儿呢，八路军在村南打死了几个鬼子。

鬼子进村，他也害怕，所以也不怎么进村。

采访时间： 2009年8月18日

采访地点： 邢台市广宗县东召乡东召村

采访人： 刘　欢　张　娟　于　哲　张冉冉　陈绪行

被采访人： 刘保华（男　70岁　属虎）

我今年70周岁，属虎的。

1943年的时候，也就五六岁，我家当时比较穷，五口人，我父母亲，我的两个兄弟，还有我，我还有一个伯父在外村给人家当佣工。全家总共六亩地，很少。当时我父亲做个小买卖，倒卖小米，从威县，离这有五十里地，在那买谷子然后回来碾，碾成小米，我们就赚一个糠，小米再拿去卖，主要是吃那糠。用扁担担着，来回一百多里。他的一个伴叫南温强，他们一块去，到后来他们饿得受不了了，就在那吃一顿，我父亲说："你可别吃多喽。"用那个大碗，我父亲吃了一碗，他吃了两碗，把他撑坏了，我父亲就赶紧把他给弄回来，在六七月份的时候。威县那边有集市，而且东边的临清、清河还好一点。

1943年大旱，我们这个广宗县很穷，这个老漳河十年九旱，没有水，有水的时候就闹洪水，没水的时候就旱。从1942年秋天就没怎么下雨，我们老百姓秋天种上麦子，冬天没下雪，1943年正月初三下了一场雪，麦苗就出来了，从正月初三到农历六月就没有下雨，这麦子就长得很差劲，根本就没有麦穗，麦子收成很差劲，再加上旱情这么厉害。

1943年农历八月初十立秋，八月十三下了一场雨，八个多月没下雨，地里都荒芜了。当时收了麦子后，开始种夏茬、玉米什么的，但是没有雨种不上，旱得非常厉害。下了二十几天呢，种了一些荞麦、胡萝卜什么的，长得还不错，到了八月中旬的时候来了蝗虫了，那蝗虫能把树枝给压断了，遍地都是。当时就有霍乱了。当时县委还组织灭蝗虫，挖个大沟，把蝗虫弄到里面用开水烫死。

日本侵略，正值抗日战争的相持阶段，最艰难的时候，日本实行"三光"政策，老百姓收了点麦子，日本人啊、伪军啊他就抢。当时我们广宗县呢是老革命基地，属于建设县，县委就组织抗灾，当时县委书记是肖英，县长是孙玉英。日本鬼子去抢老百姓的东西，我们八路军、游击队就打伏击，抢回来再给咱们老百姓。日本鬼子经常来扫荡，我们村东就有炮楼，经常来抢啊、杀啊。他们造成的灾害更加严重。

我们村当时150多户，1000多人吧。没吃的就吃树皮、树叶，树皮吃光了就吃胶泥、观音土（有一种咸味）。但是我们县委就组织老百姓逃荒，到辽宁、天津一带，还有往河南的，就近逃荒。我们村也有逃荒的，大约有 40% 出去逃荒。1943 年农历十月份，有往山西的，也有往辽宁去的。当年我家没出去，我父亲做点小买卖，差不多有吃的。

过了灾荒年还有 400 多人。到 1944 年就好一些了，我们这边逃荒的最后大部分都回来了，1945 年抗战胜利后就回来了。

当时有种病叫霍乱，老百姓叫霍乱转筋，就是抽筋啊，从六月份开始的，当时还有瘟疫，发低烧，好多都病死了。有个叫景绍先的老大夫，有个偏方能看好，针灸啊，土方啊。我们村死了 270 多人，得霍乱的有 70 多个。当时喝生水的比较多。还吃蚂蚱，干部都吃。那一年蝗虫太可怕了，当时萝卜能给你咬到地底下去，在这待了十几天，后来向塘沽那边飞了。

广宗县我们家有八家亲戚，有两家卖儿卖女，一个卖到山西，一个卖到邢台。灾难最严重的还是广宗城南，冯家寨这一个村，全村 600 多口人，最后只剩下 7 户 18 口人，甚至出现狗吃人、人吃人的现象。

我们这十年九旱，民国九年和民国十四年大旱，老漳河要么没水要么洪水，它的两岸是盐碱地，而且我们广宗还有许多洼地，涝的也比较厉害。

隆尧县

采访时间：2007 年 2 月 1 日
采访地点：聊城市东昌府区沙镇养老院
采访人：吴晨虹 魏 涛 李 龙 孙天舒
被采访人：贾秀菊（女 72 岁 属狗）

9 岁时正有日本鬼子，净发大水，净淹，先旱后涝。9 岁的时候，后边邻居一两口子都死了，还下了雨，俺从前面回庄，那人说她奶奶死了。那时候死的人多了，哕，吐。那时俺村子很大，死的人不少，前面邻居死了两口。可能是传染，谁知道怎么回事哩，光听大人说是霍乱，是急性病，一会儿就死了。家里没人得过。我说的是我娘家的事，娘家是邢台，隆尧县小王庄村，邢台是河北的。来到这儿以后，这儿没有这种情况。娘家人没有得这种病的。

当时一个劲地下着雨。涝是后来的事，1963 年邢台发的大水才大呢，周总理都去了。霍乱之前有大水，大水之前旱得厉害，渴得不行，井里都没水了。得霍乱，没人治，那时没有医生。得病就等死，一会儿就死了四口人，不知道谁先得的病，光在那看，我那时还小哩。得霍乱那一阵有处理家里尸体的，得霍乱的人脸邪黄，一个劲的哕。

我们村就得过一次霍乱，当时有好几样病，啥病不记得了，不知道谁先得的。我来这沙镇 26 年了。得霍乱时都去要饭，俺爷爷都上北京卖衣裳，净吃高粱秸子，把我给了治安军。治安军不做好事，把俺抢走了，在外面待了六年，当年 11 岁，被抢到山西当童养媳。那时逃荒的多，我小时候跟着我奶奶，去山西逃荒。别人家去哪儿不清楚。

霍乱时没注意有没有飞机。不记得日本人留没留下什么东西。医院没有日本人开的，没有日本人经常进出的。没有见过日本鬼子给百姓检查身体，见有一个穿白大褂子，下身黄裤子。

日本鬼子的事我都记得，我见过一个日本鬼子穿大褂子、马靴。日本鬼子给小孩糖豆吃，日本人不是很孬，对咱小孩很好，给大米饭。我吃过日本鬼子给的糖豆、大米饭，吃完后没什么。日本鬼子不是很高很白。

日本人有抓人当劳工的，不知是否都回来了。有失踪没回来的，不知是谁。当当敲锣，四五里地通知，抓劳工盖岗楼，我爹就被抓了。日本鬼子不祸害小孩，说"小孩的干活，开路"，净给小孩糖豆，给大米饭吃，当时饿的人很多。被抓劳工抓走时，有烧香拜神的，抓了 20 多天，回来了。

地方土匪孬。

南和县

采访时间：2007 年 10 月 3 日

采访地点：邯郸市鸡泽县鸡泽镇崔青村

采访人：李　斌　李　龙　解加芬

被采访人：崔门胡氏（女　78 岁　属蛇）

崔门胡氏

民国 32 年在娘家山桥，离这十来里地，离这儿西边十来里地。逃荒的多着呢，年里年外，六十来岁死了，一个年里一个年外。俺儿饿死的。

灾荒年，我 15 岁。日本人来时我 8 岁。饿了没人治，饿死人多。下雨下了七八天，在街里不透水，哪年记不清，昼夜不停，水到膝盖。

俺这一片民国 32 年死人多着呢，没听说得啥病。

采访时间：2008 年 7 月 16 日

采访地点：邢台市南和县和阳镇县西村

采 访 人：李莎莎　张　艳　贾元龙　王　瑞

被采访人：陈庆余（男　95 岁　属鼠）

陈庆余

我的名字叫陈庆余，1913 年出生人，我是邢台师范毕业，专业是考古系，我协助邢台地区文化局搞了好些文化事业，邢台市文化局关于一些史书上没有记载的事，我尽了一点绵薄之力。

我现在离休在家，我这一生对文化事业特别有信心，因为我爱我家，更对文化考古有最大的爱好。我祖父是清朝的国子监，国子监在现在是大学生，当时只有一个大学，我祖父是一个秀才，我自幼受家庭熏陶，对古代文化很是向往，入学以后对《史记》有兴趣。所以我参加南和文化馆的工作，三十年如一日，承担文物考古工作。我对邢台市南和地区所有的历史、地理文化很感兴趣，我从民间口碑了解了很多史书上没有记载的故事。我的心愿是把我所知道的贡献出来。虽然我在县里退休，在写县志和历史文化书籍时，我都去政府、政协帮忙，这是义务工作。

民国时代，是我记忆的好时代。先弄清历史年代，历史问题一个也不能错。1937年7月7日卢沟桥事件，这个年头正是日本侵华猖獗之时。民国32年在日本进攻期间，灾荒年又有灾疫，有霍乱病，死亡人很多，病来得猛，死得快，死的人遍地都是。日本人在县城，把集会迁到西城，中国人得病后，走着走着，就躺下了，走不到几步，先看见一个躺着的，又看到一对夫妇眯着眼，再向前走，有一个人已经死了。我早上回来时，路上已经死了很多人，蝗灾、疾病、饥饿加在一起，死的人很多，当时人没人管。都是县志里有记载的霍乱的事，有一本专门记载南和灾荒的书。

霍乱在咱南和县很是流行，当时我在邢台，邢台也有霍乱。日本人细菌战没有良心，细菌战当时在咱们心里没有印象，到日本人走后咱才知道。南和传染病是不是和日本人有关，咱不知道。那病人是日本人来了才有的，早就有了。得病快，死得快，扎针什么的，日本人发动细菌战，不光霍乱，还有鼠疫，到解放后还发生大规模流行鼠疫，是日本人干的。南和县主要是霍乱，死的人很多。

1937年10月24日，侵占南和县城，炸死的有方占甲等人。农历初九，第一次轰炸城隍庙城，陈跟柱媳妇被炸死了；农历十一日，第二次轰炸，方占甲被炸死；农历十三日，第三次小南关，飞机发现人群涌向苇坑，投一颗炸弹，一个炸弹就扔在了这里，一个炸弹炸死了35个人，炸死的人有王军、张老有等，这个人是我的一个近邻。

日军占领南和县城以后，有一次到南韩村，离县城三里来地，炸死这么多人。这本书就是刘程远在当时南和县工作时写的，当时我也在那儿。

抓壮丁从日本回来的人的资料我也有。

南宫市

采访时间：2008 年 1 月 25 日

采访地点：邢台市威县赵村乡东赵村

采访人：王　浩　徐颖娟　刘文月

被采访人：邱桂芹（女　83 岁　属牛）

邱桂芹

娘家是南宫县的，离这东北七八里地，家里七八口人，家里穷得厉害，没地种，靠织布纺花买粮食吃，赶集的时候去集上买，天天都是吃糠咽菜。

民国 32 年闹灾荒的时候都吃树皮，老天爷不下雨，就种不了地。那年没收上来粮食，饿死的人可多了，喝水基本上是吃砖井水。那年蚂蚱很多，记不得几月份来的，井里都装满了蚂蚱，专吃谷子，说飞都飞走了。

民国 32 年死的那些人有得病死的，记不清是什么病了，得浮肿病死的人多，有得霍乱转筋死的，还有胃下垂，得霍乱转筋死的人很多，一会儿就死了，没听说治好的。

日本鬼子来的时候，我们都跑，日本人我没亲眼见过，做饭的时候一听说日本人来，就什么也不顾快跑，一说鬼子走了，就回家了。

1963 年发过大水，政府发过被子，也发其他东西，但是不多，那多人等着呢，发不了多少，不记得民国 32 年发过大水。

采访时间：2008年1月25日
采访地点：威县赵村乡中安仁村
采 访 人：齐一放　苏国龙　蒋丹红
被采访人：李素琴（女　77岁　属猴）

李素琴

　　我24岁时结婚，娘家是南宫县李吴村，在娘家见过日本人，那时我14岁，日本人来扫荡。威县四庄有一个炮楼，离那三里地，日本人不多，皇协军多。皇协军来抢夺，要粮食，吃喝。

　　灾荒年，光吃糠，吃菜，吃地里野菜，什么菜都吃，高粱帽也吃。

　　没下雨，没高粱，谷子还收了一点儿。六月二十几才下了点雨，下了六七天，地都淹了，出门都蹚水，我娘家没河，房屋漏，下雨的时候我十一二岁。

　　村里人不少，死的也不少，得病的也不少，一个胡同就死三个。就说肚子疼，抽筋扎针扎不过来就死了。那时医生少，都是老百姓自己扎的，我见过，不得劲，肚子疼的，有扎过来的，有扎不过来的。谁得病了，一会儿就不行了。俺爹得过，扎针扎好了，看病的说，吃新粮食吃得了，吃小米，找人扎针扎好了。你说传染，可有不死的，你说不传染，可别人说传染。怕传染得了一会儿就死了，俺大爷一会儿就死了，俺二嫂去哭了，第二天就死了，俺二嫂姓孙。得病的多，死的多。

　　俺父亲李英魁，73岁死的，死了十年了，可能是属小龙的。民国32年，收过粮食了，八月份，找人扎扎，两天就好了，听说是霍乱。就在家里，吃过饭之后，没事了，就是不得劲，就说是肚子疼，就是得湿气病，霍乱转筋，没拉肚子。

　　有逃荒的，多了，有一家人那小闺女就嫁在那了，就逃到河南开封。有的离婚了，找了个拐子，过了七月十五烧纸就死了，在村里。

　　过了灾荒年才有蚂蚱，很多很多，光一片一片的。那年种的麦子的头都被切下来了。吃过蚂蚱。

平乡县

采访时间： 2007 年 7 月 24 日

采访地点： 邢台市平乡县政协大院

采 访 人： 李　斌

被采访人： 孙振喜（男　88 岁　属猴　平乡西河村人）

民国 32 年，或者说 1943 年，灾荒真可怜，过去八路军编了个灾荒歌。春天里没下雨，直到八月二十三才下雨，下好几天。后边又淹了。

大部分都逃荒出去了，种不上地，俺村原来是 1200 多口，灾荒年连逃荒带死亡剩了 800 多口，饿死，逃荒在外，逃出去不回来了。我逃出去了没在家，到东北当小工，春天走的，三四月走的，还没过麦走的，到腊月十七八才回来。

有霍乱病，上哕下泻，来不及治。扎针，偏方。扎及时了扎好了，扎晚了就不行了。死了以后没地埋。霍乱病死得多，连饿带霍乱病，七八月的时候，阳历七八月，农历五六月的时候。

采访时间： 2009 年 8 月 31 日

采访地点： 邢台市巨鹿县贾庄李庄村

采 访 人： 赵曼曼　郑文娟　常　乐

被采访人： 张五多（男　80 岁　属马）

我叫张五多，80 岁，属马，没上过学，愣穷，上不起。民国 32 年以后来这村的。民国 32 年时在平乡。

到七月才下雨，以前旱，种不上地，七

张五多

月初七下，下得房都漏了。得过浮肿病，因为光吃糠，野菜，吃得大肚子。有上吐下泻，霍乱转筋，扎针，出黑血，就好了。得那病的怎么不多，没人管，日本在这，没打预防针，没人管，这会儿有国家管。

那说不清死了多少。超发他叔死了，走着，死半道上了。逃荒，有没回来的，死没死不知道。

日本人抢东西，抢走了好衣裳，下面有宪兵队。别村有抓劳工的，哪村说不清。

1963 年下过大雨，民国 32 年也有，民国 32 年大，都涝了。吃土井水，个人都顾个人，吃山药蔓子、麦秆子。

采访时间：2009 年 8 月 15 日
采访地点：邢台市平乡县政府门球场
采 访 人：刘　欢　张　娟　于　哲　张冉冉　陈绪行
被采访人：宋书克（男　73 岁　属牛）

我没有上学，小时候家里有一亩分地。灾荒年没啥吃，灾荒年家里穷，没有土地，收成也不怎么样。那一年我记着是把草根、树皮、树叶都吃光了，把枕头那秕子都吃光了，玉米芯都吃了。逃荒不知道，那时我小，家里有我跟父亲在家，别人都出去了。

我父亲病了，饿的。记不清瘟疫。霍乱记不清楚，太小了。那一年我祖父跟大哥都死了，饿死的。

下大雨那是后半年，大秋天的，多大也说不准，七八天来，沥沥拉拉的，雨下得挺大的，房子都塌了，说实话，我家房子还行，我家有一个房子倒了。

那年死的人不少，没人往外埋。我那会有祖父母，三个哥哥，祖父跟大哥饿死了。

日军进村到处抢，日伪军到处乱翻，没东西也翻，翻也翻不着。

采访时间： 2009 年 8 月 16 日

采访地点： 邢台市平乡县老农行家属院

采访人： 张 娟 于 哲 陈绪行

被采访人： 卫台光（男 88 岁 属狗）

灾荒年记得，打鬼子时，那时我 19 岁吧。那一年没下雨，一直没下雨，颗粒无收。外逃的外逃、死的死，每天都得死几家。就是我 19 岁那一年，是民国 32 年，没下过大雨，就是一直干。那时我家在广宗县城北卫家庄村。

出去逃荒了，那时候我哥哥出去六口，我兄弟出去了，七口。我父亲母亲把我丢下了，我跟媳妇，小孩还有我兄弟媳妇在家过日子，我大闺女就是那时候死的，光吃糠吃菜，肠干，大便拉不出来，用手挖，挖了不过七八天就不在了。

那时也不说啥病不啥病了，有时死，家都没人埋，因为他家人少，都饿着没人给他刨坑，他亲戚家帮帮忙就埋了。说饿死的，也算饿死的，说病死的也算病死的。主要还是饿死的。那时候倒不知有啥病，就是村里天天都死几家人。上吐下泻的人也有，灾荒年也有。听别人说的，没见过。

外逃的不少，家里有点饭的吧，有点衣服啦，带点东西就走了。上关东的，上山西，俺家里我哥哥和我兄弟上山西洪洞县，在外待了一年多。第二年收了，农村就凭一个地，第二年有了吃的就回来了。

不记得有蚂蚱。

日本人来村抓劳工，那会儿主要是村里伪村长，日本人来了就是他出面，到时候给你这要几个人，就派人去了。在我们那村还没有抓到日本的。那会见过日本鬼子，他进村。19 岁时，那时日本人来了，日本人来得少，主要占城市。当时在广宗县，城里有日本鬼子，还有国民党，石友三，国民党一个军长，在那住过。皇军都在城里，不怎么出来，到后来靠公路地方都安钉子，有皇协军有日本鬼子。国民党那时候，石友三住过一段，后来就撤了，向南走了。那会儿还没八路，我记得八路，第一次见八路，他在我们村里还讲了一次话，那时候是个团长，后来我记得那人成了军长了，记不清叫啥了。

1937年日本人占大城市，过了两三年以后了，再到农村安排。他是去大城市，石家庄、邢台，大城市都占了以后，安排县里，县里有了，县里再安排靠近公路的地方，交通方便的地方啦，有河流的地方，他就安钉子。日本人也往村里要，你村里有伪村长，要多少人，上哪儿哪儿平道去，得派人去啊。他要多少人多少人，干什么活什么活，到时候你就得去，到时候你不去，他就来人了，到你这又是抓人，又是打。

那时候党组织叫挖坑，那时挡汽车的不少。在路两边挖大四方坑，一边一个大四方坑。过车的路都给挖了，有车就掉沟里，有车的路都给挖了。敌人来了，一个是游击队好掩护，一个是群众好掩护。

我还记得那时候刨公路，有儿童团，共产党组织的，抗日的，村里都有抗日的。儿童团站岗放哨，我那时还不断经常的放哨，轮流放哨。放哨的时候看看有可疑的人，看有可疑的人赶快报告村里。那日本特务有，他想混进村子看有没有八路。

村里组织的有青年团，那时候青年团不公开，共产党员不公开，儿童团公开，我在村里担任青年团支书，那时不公开。青年团领导宣传，搞宣传，破路，那时候三天两头，一个乡里一个组织，你们这个村里的上了哪儿哪儿集合，都集合那点上去了，一个乡里最终一个点。带着铁锨，有人领着你上公路去破路，道路上不远一个沟，不远一个沟，东西路上给他挖个南北坑，一个人挖一个坑，不远一个沟，不远一个沟。有时候也有敌人破坏，说敌人来了，轰一下子都跑了。那时候也有坏人破坏，在树林了，也说不清楚，这一说，就拿着锨就跑了，这一跑谁也挡不住了。

一说日本人来了，从哪儿哪儿来的，从北边来的往南，从南来的往北跑，都顺着沟。枪打不了，游击队也能藏，这个村的那个村，那个村的通这个村，都挖通的。日本那汽车来了不好进村，他净沟，那时就这么对付。

那是那一年正月初四，说敌人来了，这里都跑了，一跑日本人马队围住了，跑不了，那时在我们这村里。北方十几里路一个邻家庄，这个邻家庄是个钉子，日本人是那里来的人，一进村打死俩，跑不了的人都给东西，站队，一站老长。出了一个反动地主，俺村里的，吴少进，他亲戚家是邻家村的，也是大地主，日本人就住他家的房子，那时谁家的房子好就住谁家。站好对后，那反动地主领人去了，说谁谁是游击队，他一指就把我拉出来了，第二个拉我那姨子，一共拉出来六个，拉出来以后，正月初四，我穿着棉衣服，一脱脱光脊梁，我跪那儿，问我枪呢，那日本人拿着东洋刀把我鼻子都拉破了，弄不出来，就问别人了，叫我跪了三次。

采访时间：2009 年 8 月 15 日

采访地点：邢台市平乡县常河镇闫家屯村

采访人：刘 欢 张 娟 于 哲 陈绪行 张冉冉

被采访人：杨彬科（男 87 岁 属猪）

小时候家里种好几十亩地。灾荒年那会地不多，后来参加抗日了，抗日后把地都卖了。1938 年，只在平乡抗日，没出去过。1937 年开始抗日，1937 年、1938 年、1939 年、1940 年、1941 年。到 1943 年灾荒的时候，日本人还在这里，人们都去逃灾了，这边就没人了，我民国 32 年十月秋天出去的，霍乱以后，人都患病了，且又没粮食。1942 年、1943 年是灾荒年，家里盐也没了。为了省点粮食，把家里的桌子啥的都卖了，只要能换些吃的都卖了。实际 1942 年就不收了，到了 1943 年走着走着就饿死了，没啥吃的。

民国 32 年还下大雨，先旱后来淹，天灾人祸，先旱后淹就是 1943 年，地里没啥庄稼，收得有限，兵荒马乱的不像现在。先一点不下，后来又下大雨，大雨下淹了的。俺爹阴历八月二十一死的，第二天就开始下雨，一直下到八月二十七，那时候没好饭。俺那土墙都给倒了，瓦房都下漏了。俺爹是民国 32 年八月二十一死的，坑里都是水。当时还没逃荒去，在家种地呢，以后都逃难了。院子里有水，抬着死人去埋，雨水很深，死人都抬不出去，且一连下了七天七夜。

秋天的时候得霍乱转筋，霍乱嘛，那年是民国 32 年，连哕带泻带转筋，一天就死了。死的人可多了，小村一百多人死了好几十个，都是得那病死的。那时候也不能治，那时候就是扎针，都有扎好的。日本正在这凶着嘞，那时候有战争有灾荒有病。

父亲得霍乱上吐下泻，稀尿，腿肚子转筋。肚子疼，一得病什么就不知道了。头天得的病，吃晚饭就不行了。那时老百姓都知道叫霍乱，最近报纸说是日本撒的。那时村里得病的人多，那时候 400 多口人死了好几十口子。俺哥哥先受到传染的，俺父亲伺候俺哥哥两天，也得了，这病传染。俺家俺哥先得的，俺父亲伺候俺哥得了。埋完俺爹，俺娘得了，第三个是俺老婆，俺嫂子没事。俺没得，心里老是觉着肚里头难受。自己扎旱针，自己给自己，那青筋，俺老婆腿扎针扎了一个大坑，都说扎针。俺哥哥也是扎针，由俺村那个土医生。患这个病的人多了，不是一个人得这个病。据说得了这病不叫喝凉水，平时喝水都是井里水。俺一个邻家叫林青，自己喝了两碗凉水也没死也好了。都是在家里，没在外的，半夜里就肚里疼，传染性强。俺父亲扎针没扎好，有扎好的有没扎好的。村里好的多，母亲也好了，大多没都死。俺爹死了，俺娘得了没死，俺老婆得了没死，俺哥得了没死。不光得霍乱，也有饿的。饿死的多吗？那咋说，饿的没抵抗力了。俺父亲走了，家里还三个病人我就走了。俺老婆霍乱好了，她腿上扎的留个疮。

得那病拉肚子一天拉很多次，村里的土医生给扎针，俺爹扎也扎不好，规定不能吃东西，也不叫喝水。他躺在床上说"渴、渴"，我说"咱喝一口吧"。西边邻居，凉水也喝，也好了。俺哥得这病的时候八月十五，父亲是八月二十九。村里最早得病就是七八月的时候，下雨了。得病的多了，这家死人那家都不知道。在荒年有歌谣。父亲去世时我 21 岁。村里得病的多了，死了好几十个人呢，症状跟俺爹一模一样，就是霍乱，下大雨了，拉稀，腿肚子转筋，俺爹疼得不能说话。逃难走的时候就下去了。

哪里都淹了，洼地有水，院子没有水，我到山西去了。俺村走的多，来人告诉俺哥说山西有东西吃。那时候我们一起去了四五十口，回来时候少了十几个，死了。河南、山东的也有去那的，那边没淹。去的时候这边都是皇协军，归日本人管。逃的多了，北京往北往山西的多。在那里，民国32年十月去的，后来大都回来了。我们民国32年去的，我们是在下了大雨后出去逃荒的，收麦的时候回来的。那时有回来的有没回来的，有饿死的有在那落户的。

灾荒以后生的蝗虫，第二年要麦收了。收麦子的时候，割着割着麦子，蚂蚱过来了，那家伙盖天乌黑。割麦子阴历六月六号以后，蝗虫从东面过来的，一边往西，那时小蝗虫，大了就能飞了，一直往西，一天过去就光了。没得收，没得吃。还收？都没有了。

蝗灾发生在俺父亲死了之后。那时候日本来中国，兵荒马乱。一个是得病霍乱，再一个是没吃的东西，人得了病又打仗。不是光八路军，也有日军打仗，那时候黑夜也打。皇协军那边得病的少，一个是病一个是饿。皇协军不派医生来，他那边又没有得的。

抗日战争以前，俺家那时候不是很富。日本人过来后，我跟俺哥都当八路军嘞。家里有俺爹、俺娘、俺哥、俺嫂，俺哥是个老师，是抗日时期的校长。日本人过来以前我上过学，我十几（岁），上了五年，高小毕业，后来我就搞地下工作了。15岁参加八部军，日本人来了，我成天见日本兵，他们跟我们一样，没老百姓就是日本兵。日本人多，皇协军是咱当地人，后来日本人又招纳警备队，治安军。

当时参加的八路跟民兵不一样，那也不是真正的八路军，那是抗日救亡组织。我那时候是儿童救国会组织部部长，那时候我们救国会有六个小孩，都十五六岁，那时候咱不打仗，就是宣传教那抗日歌曲，组织抗日组织，青年救国会、农民救国会、儿童救国会、妇女救国会，是县里到村里来组织的。

我们这里就有日本的据点，炮楼很多嘞。日本人进村，杀人放火，我见过他们把村子包围了，杀啊打啊，杀老百姓，哪有八路军，八路军都跑了，杀的不很多。不打仗的时候，皇协军跟日本人都一样，都是抢、烧、杀、奸人，啥事都干，见人就杀，杀了有二三十个人。不打仗还好，打完仗，到了第二年，找人修路。也有"三光"政策，杀光、烧光、抢光，抓劳工抓到日本那都死了。开煤啦，大部分在山西，那边有煤矿、铁矿还有石家庄抓到日本的回来的很少。有一个在日本待了几年，自个回来了，现在已经死了。

见过日本飞机啊，整天轰炸，八路军还没过来的时候，这里归国民党管着。八路军民国37年、38年才过来的，打仗的时候也扔炸弹，平常不伤人。日本人没有给老百姓发粮食，这哪有啊！光祸害，人不打你不杀你就不错了。牛啊这些牲畜都被抢光了，带着枪来就逮鸡。他们还要工人要东西，找村长要，老百姓都得听他的。

我干八路就干了一年，后来就在家种地，做农活了，当老百姓了。

河南省新乡市

采访时间：2007 年 7 月 15 日

采访地点：新乡市西十里铺松鹤老年公寓

采访人：李 琳 李莎莎 张 伟 牛庆良

被采访人：李凤岭（男 81 岁 属兔）

我的籍贯是新乡市牧野区西王村镇三河村。

1948 年参加革命时 19 岁，参加解放战争。读过小学，《百家姓》《三字经》，十拉多岁上的。民国 32 年时我才十几岁，那会儿在家，没吃的，我们逃荒要饭，我们村三分之一都要饭，我太小没去，回来饿死了，生蝗虫没饭吃。

日本人在新乡市，人躺在路上叫着"我肚子疼啊"，一会儿就饿死了。日本人对农民厉害得很。我爹去扒铁路，让日本人绑走了，问有没有八路，灌凉水，死了又活了，反复好几次，宁死不说。日本人在这儿时连涨了三次大水，涨的是黄河水，铁路把水挡住，水流不出去，所以扒铁路。

那时我十来岁，发水是蝗灾之前，日本人在这儿，传染病厉害，传鸡传狗也传人，人打地里干活回来，吃着饭就死了，没啥症状，一噗隆就死了。死的人多了，村上大约有四五百人，没有人给治，就叫传人病，得了那病，正跟他说话，一会儿就死了，涨水使人得的病。也叫伤寒，也叫传人，发疟子，人烧得不像样，没听说死的时候抽筋。

那时日本人在这里。1948 年参加革命，第一野战军侦察兵，淮海战役、渡江战争、解放大西南、抗美援朝等都参加过。

采访时间：2007 年 7 月 15 日
采访地点：新乡市西十里铺松鹤老年公寓
采 访 人：李　琳　李莎莎　张　伟　牛庆良
被采访人：梁振东　（男　72 岁）

当年住在卫辉城里，1942 年、1943 年百团大战暴露了共产党的力量，日本人开始扫荡。蝗虫夏天铺天盖地的飞来，一过庄稼全部光了，前面是会飞的，后面那几天就长出翅膀来，我那时好奇，就跑到农村看过，满地都是。

1943 年熬不下去了，母亲领着去南阳找父亲，外婆家是富农生活还好点，饭还没问题，有粮食，但一般老百姓买不起，相当困难，用的是日本人的钱，军用票。地主富农，资本家生活好点，一般农民家只好吃树皮甚至吃蝗虫，庄稼地里什么都没有了，农业上没有收成，打仗上最困难，很多人都饿死了。当时路边经常有老人饿死，我隔壁一做生意的晚上没有回来，家里留下一小孩，大人出去找，就发现饿死在外边，县城三分之二都逃走了。

我一个舅舅在新乡开一个医院，当医生也贩卖毒品，日子算好过点，他是同济医学院毕业的，现在的和平医院。瘟疫没有大流行，有个别生病的，但没有像电视上说那样死一片，饿都饿死了，没有听说过大流行。

蝗灾估计是 1942 年，地里长的是芝麻玉米，卫辉郊区的秆上都是蝗虫，除了蝗灾主要是没有粮食。1940 年日本人抢粮食，伪军也抢粮食，如孙殿英的部队。八路军给老百姓抢粮食。洪水倒是没有，有是有，就是没有成大灾。卫河日本人炸桥大概是 1940 年，卫辉城墙经常淹，最大一次洪水是 1965 年 8 月份淮河发大水，没有成大灾。

小时候没有听说过日本人有实施细菌战，日本人有可能偷偷在井里投毒。日本人要维持统治区内的稳定，我经常去司令部开会，给糖吃也不敢吃，但一家人必须要去一个人，所以我去了。上的学校是中国人办的，从卢沟桥到黄河都是日统区，从郑州到南阳市。1943—1944年日本人才打通，一家便跑到西川，翻山越岭到了湖北均县，现在是丹江口水库，东西都扔了，除了装馒头的袋子。瘟疫倒是没有听说过，没粮食倒是主要的。

当时西边是太行山，辉县为游击区，日军占领县城，平时都缩在县城，并不是见人都杀，地方行政很齐全，有县长、保长等。大伯子在城乡接合处开了一个粮站，接待的有游击队、伪军、日本人等。那时候粮站是代替农民卖粮食的地方。卫辉还有一位姓段的大夫，和舅舅是同学。

采访时间：2007 年 7 月 19 日
采访地点：辉县市城后东九条 24 号
采 访 人：张　伟
被采访人：任鸿昌（男　77 岁　属羊）

我当时十二三岁，上小学。

抗战时期大的瘟疫 1940 年一次，1942 年后半年，1943 年春都有，主要是伤寒，传染很厉害，一传一家人。青年有抵抗力，有的能活过来，老人小孩都死了。一家五六口都得，占比例不小。得了病以后主要是上吐下泻，头疼，忽冷忽热，伏天也要盖棉被。都是自己经一个村，传染起这个病，八九成都得感染，死亡率在 30%。家家户户都往外抬死人，一家五六口死到没有一个人，有的家庭死上 50%。治就用土方，没有钱，治不得，得了这种病，大部分是听天由命，一没有钱，再就是农村没有医务人员。

在辉县离县城 60 里山上的南村，一个村是这样，其他的村也是这样，整个县，甚至邻县，大面积的。

两拉锯形式，有国民党军队，日本也来扫荡，日本走了，国民党就来了。1938 年时刘伯承、陈赓在这儿。山上是八路军，县城就是日本鬼子。

采访时间： 2007 年 7 月 14 日

采访地点： 新乡市市区

采访人： 李　琳　李莎莎　张　伟　牛庆良

被采访人： 徐鸣文（男　81 岁　属兔）

　　日本人民国 27 年以后来的，翻译都是外边带来的，当时住在卫辉市。在上学，在日本人开的学校上，有日语课、算术、俄语、唐诗，学咱们的历史，日语课被逼着学。

　　家里不是太好，能吃上饭。后来吃不上饭就跑到新海连（连云港），跟人学徒，14 岁了，一个人去的。哪边丰收了，都往哪跑，往江苏逃得多，都是顾嘴往那跑，日本投降我回家了。

　　1942 年遭蝗灾、水灾、地震。有蝗虫，蝗虫以后又下雨，东门最低，城门（拱形）就剩一个月牙。就 1942 年的事，雨过了以后又地震，地里都淹了，河没有决口，但当年日本人进攻郑州时国民党挖堤。

　　没有瘟疫，以前生病买点中草药吃吃就完了，也没有住院的。

　　记得一天夜里，我和一哥哥逮着一鸽子，一看是日本人的信鸽，我们说吃了，家里人不愿意，让放了，都怕。听当差的说，日本人放狼狗把人都吃了。

采访时间： 2007 年 7 月 15 日

采访地点： 新乡市西十里铺松鹤老年公寓

采访人： 李　琳　李莎莎　张　伟　牛庆良

被采访人： 张好旺（男　75 岁　属鸡）

　　家是新乡县朗公庙乡古军村，日本鬼子来时八九岁，日本鬼子打村里过，人都趴门缝往外看。

　　三年荒灾，三年旱灾，三年阴，一共九年，人民的生活苦得很，也有逃荒，也有陕西的，南方的，种的是油菜。西南角整个一片水，鬼子在不在弄不清楚了。

三年阴三年旱在蝗虫之前，蚂蚱来时我还很小，当时从地里往家里走，铺天盖地的蚂蚱来了，蝗虫过去之后没什么吃的吃树皮。

日本鬼子、土匪、国民党，兵荒马乱的还有红枪会。抓壮丁过，国民党的兵把我给抓了，日本鬼子倒还没有抓人，对小孩特别好，给糖吃。中日共荣，中日提携。

瘟疫有，也很厉害，一有病就是一个庄一个庄的，当时我发疟子，瘟疫很快就过了。瘟疫是蝗灾之前，得瘟疫死的人很厉害，有会扎针的，扎一针就活过来了，兵荒马乱也没有人管，扎针的有的是本村的医生，不扎就死了。扎针没有亲眼看过，也不知道扎的什么地方。灾荒等都是挨着的，那时候小不记得了。当时发疟子，专门买一种药，药丸治这个病，在村里买这种药。我听说过霍乱，当时小，不记得了。

上的是学堂，九岁，在自己村上的，六年毕业，毕业那年正好是解放，后来当老师。

采访时间：2007 年 7 月 15 日

采访地点：新乡市西十里铺松鹤老年公寓

采访人：李 琳 李莎莎 张 伟 牛庆良

被采访人：赵连荣（男 77 岁 属羊）

我是相城周口人，和袁世凯是同乡，去年才来新乡。上过学，上学堂，不是私塾，上了四五年，日本人在时开始上学，学语文、数学、常识、历史、自然，啥都有。日本人不去相城。日本人投降以后，也没有去过相城。

1941 年到 1942 年当时七八岁，当时处在国民党统治区，中日战争一开始，蒋介石无法抵挡将黄河花园口北部，在郑州北部，淹了很多地方。

水灾过后泛了蚂蚱，俺那个县不在受灾县，除了水灾、蝗灾，还有冰灾。国民党拉壮丁，日本人在北边，黄河以南有水祸。

扒口时是日本人进中国的时候，有瘟疫，但没有人管，疟疾发疟子，也没有人治。死的也不少，具体数目说不清，有的死在家里，有的死在路上，有的死在地里。大约是 1941—1942 年，地点为郑州以南黄河以南，冰灾水灾。树上的树叶都被吃了，人吃了以后浮肿，死得不少，也有逃荒的，有到商城新野大别山等地的，逃荒的有年轻的年老的，有推车的，有挑担的，有空手的，排成一队。我当时在家种地主的地，没有去逃荒。

山东省德州市

夏津县

采访时间：2008 年 1 月 27 日
采访地点：德州市夏津县郑保屯镇南口村
采 访 人：姚一村　侯　伟　张教真　张　铭
被采访人：董金龙（男　74 岁　属狗）

我从小待这村，解放后当大队会计部长，解放前待家。小时候家里 20 多亩地，兄弟三人，有姐姐，六七口人。

1942 年灾荒，逃荒了。我母亲、我哥哥、弟弟上枣庄了，我跟着我父亲待家。那时候饿得皮包骨头，家里有点地，旱，有人没地，算嘛，还逃荒，去要饭，有个姐姐落户那儿了。首先旱，旱得不收么，没有水利工程。吃野菜，有成瓶的卫生饼，南边弄来的，维持生活。旱灾可能持续了两年，收了有限一点儿麦子，陆续得好了。

五六月里下了七天七夜大雨，下得漏房子，割谷子连续下大雨。哪一年记不清了，我小。初旱逃荒，谷子熟的时候下大雨，连阴，那谷子发芽子。那时候河口窄，堤外老深的水，上坡里得蹚水。运河那时候经常开口子，越下雨越涨水。开口子，河西开得多，不一定在哪开，淹几里地。过灾荒那年没淹。我记事以后这边没开，临清那边开口，淹山东。

喝水靠河沿吃河水。咱村以前在河沿，以前在桥那里。那时有摆渡口。喝水得烧开了，白矾搅搅，澄澄泥。河水浇地没工具，有的有木头斗子，有水车很少。打井的也有用水桶，很少。

灾荒年那时有霍乱，下雨之前就有。霍乱最严重的时候闹不详细了，咱村不清楚。解放以前闹得挺厉害，下大雨之前传说，光说是霍乱，闹不清。咱这村是 1958 年迁过来的。

卫运河有船，日本鬼子来了以后，抓鸡，刺死了一个人。找我那哥哥，没找着，那时候抓人跑船、押船、运东西，烧杀奸淫。那时候八路没露面，还有张八李九，杂牌军，国民政府，伪政府。张八李九有枪炮，土匪晚上来村要钱。国民党给日本鬼子效力的，国民党不敢打土匪。富的有绑票的，有地主，老百姓不敢抵抗。运河西有小炮楼，保护船的，沿着运河修的，炮楼里住的是日本鬼子，平时皇协要税。

那时候有土匪，土匪头李二奎、二皮脸，这一伙闹不清。南口、北口以前属夏津，日本人走船时下来抓鸡，奸淫一个妇女，抓人拉船，叫你回来你就回来。有抓劳工上日本，有一个没回来，硬逮的。日本人没发过东西，打嘛药啊！戴口罩的卫生兵没见过。

采访时间：2008 年 1 月 27 日
采访地点：德州市夏津县南口村
采 访 人：姚一村　侯　伟　张教真　张　铭
被采访人：李玉萍（女　72 岁　属鼠）

我娘家是双面，待正东十八里地。日本鬼子戴着铁帽子，待关道上，俺都害怕，俺都藏起来。日本鬼子没来村里抢过东西。小的时候生活也不很困难，十八亩地，能吃饱。娘家种谷子、棒子、麦子，属中流人家。

过贱年咱都不记得了，听说过。有一年雨大，下了七天七宿，晒枣的时候。过贱年不是下雨那一年，哪一年那倒不记得了。下雨还有点印象，下雨的时候待娘家。下七天七夜雨，那小那时还喜欢咧。没有积水，它不是光下大的。光记得晒枣的时候，那小，收了多少粮食不记得了，下雨之前能吃饱。

听说过霍乱，不是下雨哪一年。下雨前、下雨后，闹不清了。卫运河搬过堤，搬堤才几年。小时候喝井水，娘家人多，记事时将分开。

采访时间：2008 年 1 月 27 日

采访地点：德州市夏津县南口村

采 访 人：姚一村　侯　伟　张教真　张　铭

被采访人：周传奇（男　76 岁　属鸡）

　　　　　　刘宝山（男　79 岁　属马）

周：那会儿日本人来了，来了以后把枪，拿着一支枪向咱老百姓抓鸡。

刘：各大门上都贴着，白纸画着红玉狼，在大门上贴着，表示欢迎他，一个小旗。

周：还记得那谁，待地里干活，一看到小日本来了，跑啊。还没跑出去，截住他了，吓得他跪下磕头。这一磕头不要紧，一枪就把他……

刘：日本鬼子不叫磕头，打礼。磕头不行，那时候日本鬼子进中国，咱听说日本人很少，他净带些朝鲜人（周：高丽人），高丽人啊？对咧。日本国人很少。

我上过学，解放前那时候念书念得起？农村很少，大地主嘛的。我也就上了两年，那阵里上完小，兴国语，不兴现在的语文，兴国语，国民党啊。我们俩都不是党员。解放前那阵里小。解放后，打倒地主，分了土地，平等了。国民党那阵里念过小学，念完种地。日本人在的那会儿，靠天吃饭，水利条件没有，下雨就收，不下雨就收不来，歉收。

霍乱、伤寒，有这种病。那阵哩医疗落后，时兴中医，完全吃草药，西医很少。你说这个霍乱了，徐阳斌他爹徐志成那年就是霍乱，看着都不行了吧，衣裳都准备好了，那不是又救过来了吗？刘庄的一个叫赵黄啊，病得都不行了，不行了以后吧，来了一个中医。"怎么着？"他说这个人得了一种急诊病。那时候，急诊病不是霍乱就是瘟疫，厉害了叫瘟疫。他说："嘛病？不行了。""我给看看，怎么不行了！"让他看了看，给平平脉。他说："这个病不要紧，我给治治吧。"治好了，又活了好几十年。那个中医叫什么，那个不清楚，俺光知道俺这窝的，十里八里地。一九四几年闹的这病，瘟疫、霍乱常闹这种病。医生治得不及时，也是根据这个气候，生活不行，各方面造成的。

1942 年灾荒，歉收，地里不收，庄稼连着死了三年，人们闯关东了。我们没走，那时候小，十几岁。

咱这村没迁址，老天爷不下雨，一年白忙，那会儿靠天吃饭。这些事都在那一九四几年。春天啊，是什么季节。谁知道，那病刚绝咧。整个村有一个长的，戒严，旁村的不能来，也不上旁村去。那会儿跟这会儿一样。领导是选的，那会儿谁成立谁当，穷人当不上。到一九四几年那不是大富转战，有富农，都打倒了。那会儿兴保长吧。不戒严行？不戒严它传染啊，那种病，传染。旁村不叫到这儿来，这儿也不叫那儿去。别的村没有，医生查出来，有一个是霍乱病，马上戒严，别的地方没有。那会儿是霍乱不是霍乱……什么症状咱闹不清。中医查出来的，西医没有，各村里的，那会儿没西医，打针、药水，那会儿没这个。西医没有，平脉、抓草药。闹霍乱闹了不长时间，那个很快。不是死多少人，就是个别人。霍乱病，死的人很多，得了昏迷不醒，跟这会儿的脑溢血、脑充血那种昏迷状态，跟死的一样。诊断不清，请医生来，解决不了，诊断不了是嘛病，无法下药，撑不长时间就死了，就说瘟疫、霍乱。那会儿医学也欠发达。大部分是春天闹病，过了年春天的时候。

连阴雨七天，那都到了以后，俺这个房子都毁，还有不漏的？俺父亲跟俺哥哥他们都跑到夏津，当日本鬼子去了，伺候日本去了，孩子待在家里。一九四几年，那会儿一九四几年？

周：1942 年过贱年，1943 年、1944 年，就那空里，下了七天七宿。

闹霍乱在下雨之前还是之后，具体闹不清了，将近五十多年了吧，戒严就戒了那一年。按现在说是种传染病，无法解决。别处的人不能上这儿来，传染上。

刘：那年嘛病咪？那不是村里，那年卖菜的不是"非典"。

周：那会儿村里村容也跟现在不一样，那会儿下雨吧，比现在雨大，下雨吧，净些个大洼坑，下得湾里满了以后道都占住。有时那个井里，那个水，都不用井绳打水。那会儿雨大，现在比从前差三分之二的水，雨水。

刘：从前上地里去，过不去，都得蹚水。现在雨少了。

刘：卫河离咱村很近，那会儿邢台走货轮。

周：日本的小汽艇在这里，这个杨庄那个村里打死一个，余金河他爷爷打死的，许志宽他爹那腿待这边打过去，待这对面，治好了，活了好几十年嘛，这不是。

刘：卫河发过大水，年年发。

周：闹灾荒那几年没有。那年开这个南口的，那还是国民党执政啦，张洪之是国民党人。我那年才十几将记得，黑白下雨，越下雨河水越涨，越下雨河水越涨，涨得排泄也泄不去，这个西边决口了，对面那个县长吧，还执政得不错，他亲自以身作则，下去堵口子，那船上的渣子、煤堵那口子，弄了好几船煤搭在那下去。开了半口子，到开了那口子以后，那个水来了以后，一个湾有好几亩大，一块儿往这边漫，一个湾。

这个时候日本鬼子还没来呢。日本人来了以后没见它开过口子，就那一年，1961 年、1963 年。待哪边开口子往哪边淹，西边连着开了二年河水，1956 年，他那边开口子吧，俺是邻近县吧，解决不了生活，没吃的，人没吃的。一些牲口都牵俺这边了。一个生产队一个，一个生产队一个，给他负担，给他喂。那边山来这边拔草，那个银山窟的那个，跟他不错的那个，待这住着，打了几年，住了多长时间？到以后水下去了，又回去了。常闹水，年年发水。

日本人来了以后，他好吃鸡。抢一袋子，干火烧烧那么啃。一说日本，都吓跑了。灾荒那几年卫河没有开过口子，没有发过大水。灾荒年以前发一回大水，决口，我那将记得。决了一次口，开了个半口，三几年的事。下雨的时候日本人还待这儿。黑白不清，一股劲儿下，屋里没法睡觉，待炕台上坐着，外边下雨的时候，屋里也下。

闹霍乱是在春天。那个叫刘庄的给治好了，寿衣都准备好了，叫他给治好了。得这个病是在下雨前还是下雨后，不记得了。就一个说是霍乱，谁也闹不清，那时候没有名医。

采访时间： 2008 年 1 月 26 日

采访地点： 德州市夏津县李楼庄

采 访 人： 姚一村　张教真　张　铭　侯　伟

被采访人： 徐凤英（女　86 岁　属猪）

我是党员，党员有年岁了。24 岁还是二十几入的党咪。我娘家不是这里，我娘家家庙，娘家没人了，离这儿二三里地，西南方向，我那年17 岁上这里来的。

日本人来的时候我二十四五岁。待家里，咱是庄户人家。跟着八路军打仗。那时候是贫农代表，咱那阵里穷嘛。咱这村里还打过仗呢。八路军待咱这儿住着，待咱这儿打过。

民国 32 年，大灾荒，过贱年，那可是过得没饿死，厉害啦那年。沿街里要饭吃，向河南。过贱年的时候，在这里，已经嫁过来了。娘家没人了，全都死了，都没人了。过贱年的时候已经入党了，那阵里入党了。

过贱年，这么些年，也忘了是怎么过的，没饭吃。那年吧，那阵里那鬼子待这里，这地里的棉花、棒子，也不叫上家收。就这么砍了吧，扔地里，拾了那棉花，就这么一年，打河里向地里倒，都倒得一堆一堆的。老天爷也不是没收，就这么闹腾的。他都砍下来就扔地里。庄里后晌都没人，都全跑了，都不敢待家，拾到屋里的棉花都不能要。就是看着庄稼不要都扔地里，也不向家整，棉花向地里倒。也没几年。

当时日本鬼子待城里，他没住过村，他也没上村里来，俺这是个汽车道嘛，他就专门待俺这个汽车道上来回走。那会儿走，待这里打起来了，待俺这里，咱这八路军就等着他，在这儿截他。他们就待这儿走，截住就待这儿打。待俺这里，还打死一个老头来。

我没拿过枪，咱是党员，藏着掖着的。旱过，贱年啥要了一回饭，再没要过饭。旱的也没要饭，咱吃过孬饭。像地里那野菜都吃了，树上的树叶也吃了。像地里那耩地的棉花种也吃了。

采访时间：2007 年 7 月 19 日
采访地点：邢台市清河县儒林市场
采 访 人：李　斌
被采访人：钟三春（男　81 岁　属兔）

我民国 32 年在山东夏津城北住，离城六里地，在那要饭，要了一年多饭，后来又给人扛活。民国 32 年秋后去要的饭，秋后淹了，没饭，就走了。那时候三年淹二年，招虫子不说，三年没收一点麦。饿坏了，不光我走了，都走了。家里没法混，没吃的。

东边运河来的洪水，它淹的。六七月这块儿，河里来的洪水，逢淹了，就下大雨，大雨和水淹是同时的，见天下，没有不下的时候。饿死的人没数儿，见天死，都饿死了。就在民国 32 年、33 年那块儿，到底哪年说不清。不是得病，都是饿死的。不能说没病，也有有病的，大多数是饿死的。民国 32 年以前没有事，都是民国 32 年以后饿的；民国 31 年、32 年、33 年、34 年，就在这一块。发洪水那年是民国 32 年。

霍乱病的也有，那会儿人得病了都说是霍乱病，不说这病那病，也不知道这么些病名。有这个病，光那个霍乱，那个多。身体不对劲，咱没得过那个，知不道什么样。光听说，没见过。我们那个村子也不能说没有，有咱也记不住。咱又不跟他一家一户。如果说我家有这种情况那我知道，我家没有，旁人家的情况咱闹不清楚，邻居家没有这现象。

采访时间：2008 年 1 月 25 日
采访地点：德州市老干部活动中心
采 访 人：姚一村　张教真
被采访人：徐朋善（男　80 岁　属蛇）

　　1941 年、1942 年大旱，饿得连树皮都吃了。1943 年下的雨，到了麦季，收成比较好，比较好才 100 多斤，说的是平原那边的事。灾情在这一带算重的，连树皮树根都吃了。那时吃棉花种，大便都拉不下来。政府没有人管，饿死很多人。有人出去下东北，闯关东。灾荒时没被淹。

　　闹瘟疫就是霍乱，说死就死，很快。详细时间记不清，下大雨以后。1943 年见过得病的人，上吐下泻，传染性强。当时就知道有传染性。当时有土医生，是老太太，用缝鞋的大针在舌头这，胳膊这扎，放出黑颜色的血。有治好的。得病的有老人也有小孩。我们的地方记不住谁，霍乱大约持续了一个月。在下雨后的夏天，阴历六七、七八月份。俺村庄死了不少人，俺家没得这病的。俺村有 200 多口人，十来个人得霍乱死了。估摸着别的村也死了不少人。没有什么预防措施，饿得没饭吃的时候得的病。不知道从什么地方传过来的。有传说是日本鬼子放的毒，传说，谁知道这事啊，得霍乱那时的传说。

　　日本飞机经常撒撒传单，宣传他的好，没发过吃的。经常日本人上村里去，扫荡他们叫讨伐，奸淫烧杀，皇协军带路。

　　蝗虫在 1944 年，都把太阳遮住了，那么粗的柳枝都能压弯，一会儿就能把玉米地吃光。那时我在家务农，是小孩。解放后从事地方工作。

采访时间： 2008 年 1 月 25 日

采访地点： 德州市老干部活动中心

采 访 人： 姚一村　张教真

被采访人： 于溪苍（男　80 岁　属龙）

　　1943 年没有决口，是解放后决的口。一九四几年那是日本人占着呢，一九四几年我才十几岁。日本人来，先拿飞机炸。津浦铁路不是日本人修的，德石铁路是。1941 年、1942 年旱，满天飞的是蝗虫。日本人叫老百姓打蚂蚱，蝗虫一般在六七月份。

　　咱那时候还年轻，还没这个政治头脑，还没参加工作。我没参过军，我是从地方参加工作。德州 1946 年解放，解放后参加的工作。解放以前当店员，给私人当小伙计去。那时没合同，用你就干，不用你就走，只管吃不管穿，工资什么也没有。解放后在粮食交易所工作，在合作社里。

　　日本人戴口罩，有戴的也有不戴的，咱哪能都记住。咱看着他们有戴口罩的。日本人行军的时候看到的，那时候他统治的。那时候共产党没来，国民党也打得走了。德县的县长是伪县长，给日本人那当县长，叫崔德国，外号叫崔大脚丫子。

　　记不得有防疫，没打过针。那时候有个宣抚班，中国人上那看病去不要钱，日本人来了才有的，日本人不来谁弄这个。大夫也是中国人，用西医治。俺那时候听着日本人叫虎列拉，不知道当时是否流行。

　　县城有城墙，日本人来中国还有好事吗？什么事都得依着他。日本人在这站着岗，中国人过去得给他鞠躬。不鞠躬叫你跪着，等着下一个来不鞠躬的你再走。这些办法都是伪军、汉奸给他出的孬点子，这个咱亲眼看见的。农民进城拉着东西得给汉奸留东西，拉着瓜就留瓜，拉着鸡蛋就留鸡蛋，你不给他就找你的事，这都是汉奸。日本人抓劳工上日本干活去，他说去了后管饭，那穷的，吸毒的，也就去了，连说带糊弄，弄了火车上，把你弄走了。什么人也有去的，他日本人兵源少了，国里没劳力。中国人给他挖煤窑啊，当劳力啊。这不是中国政府给他打官司，让他赔偿嘛。

采访时间： 2008 年 1 月 26 日

采访地点： 德州市夏津县前七里屯村

采访人： 姚一村　侯　伟　张教真　张　铭

被采访人： 张庭株（男　75 岁　属鸡）

　　　　　　范爱英（女　75 岁　属鸡）

张庭株： 我是咱村人，从小住这里，待家种地。以前没上过学，家里穷，上不起。我不是党员，也没当过兵。

日本鬼子还没投降的时候，我待东北咧，那时候没待家。多少年我知不到了，那年很孬，上了东北，那时候困难，那阵里地少，棉花不值钱，粮食贵。去了很多，下关东，家里没吃头。待了二年多，13 岁才回来的，咱这边年头好了。

东北在矿上，我待东北在煤窑上咧，我待煤窑上吧，我待传送带上，传送带送煤，管那个咧。个人企业，俺父亲在那儿待过，俺又去的。那阵里没有日本人的煤矿，我记得是三十来斤，挣 30 来块钱，也能够了，也得节余头。俺跟俺老人去的，俺父亲、俺母亲，那时候一共三口人，都待东北，都待一个地方咧。家里没人了，那时候收成不好，天也旱点儿。那时候家乡发没发过大水不记得了。那时候咱还小，待那儿上班，不愿干那个了。听说不挨饿了才回来。

我回来的时候日本人还没走咧，我回来的时候还没解放咧，回来第二年还是嘛解放了，想不清了。回来以后又过了多少年日本投的降，我也说不上了，说不清了。

霍乱，听说过，转筋霍乱，死亡率很大。咱村说不上有没有，咱小咱知不道，咱没见。它这个霍乱病吧，我还没去东北，可能还早点。这个村里也有，是谁咱闹不清了，没见过得病的人。霍乱是什么病不知道，咱说不上来。待街上听说转筋霍乱死人不少，咱闹不清是谁了。那时候有大夫也是中医，很少啊。一个村不定有一个俩的，现开单抓药的，费事了，不跟这儿人似的。那时候喝水的话就是井水，也喝凉的也喝热的。那时候日本鬼子已经来了，日本人待这里，具体什么时候记不清了。

听说有一年下了七天七夜的大雨，那就是十几岁，可能那年上的东北，还是头年咧，说不上了。秋后下的雨，可能下雨之后。下得雨，咱这一般房子都漏了，那阵里也没有砖。这是日本人待这里的时候的事。下吧，有阵大，有阵小的，它不是经常那么大。村里就有积水，那阵里水也没多深，那阵里水很大，它不是静止。那时候我还待家里，下雨的话，没烧的了，那时候没煤气。河水那时候没来过，地势按西边说是咱这边高，历史上被洪水淹的时候很少。闹霍乱是在下雨之前咧，早多长时间，咱就说不上了。不是一年的事，闹霍乱在这雨前头。

范爱英：我是范楼人，范楼在西南十拉里地。我没上过学，没入党，团员都带不上。

民国 32 年的灾荒记得，那时候待家里，娘家。那时候贱年啥，我九岁。那时候我没出去逃荒，也没去东北。那时候，待城里北关放粮食，待北关放粮食，这么大的碗，这么高，伪政府，皇协放粮，皇协放粮的时候，这么大的碗，挖上那么一铁盒，接上了。不是谁去就给谁，小孩、老头、老妈妈，用舀饭的勺，像你这么大的孩子去就撺，挨不上，人多，快到了了没有了，没这么多粮食。

这个灾荒年就是旱，那时候种糠、高粱、棒子。

张庭株：高粱很少，种棉花的多，棉花不值钱。

范爱英：光记得那时候下了七天七宿大雨。下雨之后再种粮食就晚了，秋后了。

张庭株：不该下雨的时候下雨了。那时候没有八路军。

范爱英：下大雨的时候，村里老深水。房子漏恁，那阵里年年泥墙，年年塌。这炕上漏得，睡觉没去睡，把席揭下来，使竹板搭上。都是天上下的水，没有河水，周围没有河。还露着井，井不在洼地打。

那个谁呢，得霍乱来了家，俺忘了叫谁了。光听说这么个人，光听说。这不是下七天七夜雨的那年的事，以前的事。那时候都在家待着，封建嘛，女孩子。知不道村里有多少个人得这个病，光听说，知不道啥样子。在大腿弯里这儿放血，黑色的血。

张庭株：不传染，这是人身体的事，血不好，扎血管上，放血。

采访时间：2008 年 1 月 26 日
采访地点：德州市夏津县许老庄
采 访 人：姚一村　张教真　张　铭　侯　伟
被采访人：张义贤（男　96 岁　属牛）

从小就住这儿，没上过学。没参过军，是党员。

日本鬼子在这儿的时候，净待这里。民国 32 年，净饿死人。有一年闹过霍乱病，厉害。那阵里得有 20 岁。我反正说不清了。穷啊，俺这里，老黑死了，死了好几十口人，得了霍乱就死了。说是霍乱，谁知道啊？见过是见过，想不清了。少也得七八个，死了七八个。说毁就毁，那阵里不认得嘛病就死，待咱这向东死了七八号。人家说有点传染性。秋后，得这个病死了有十几个，待这胡同向东。

那时候旱灾，水灾，也闹日本人，这个病只有那一年有，往后再没有了。想不清哪年哪年了。老百姓没办法治。

那时候都是喝井水。这个地方水灾常会闹，来大水，待过庄也来，西北也来，那阵里我十七八了，蹚水。咱这儿有六和团，六个庄和起来就叫六和团，光唱戏，我小时，那个唱戏。日本人来了还有联村社，五六个庄，庄户人家。

武城县

采访时间： 2008 年 1 月 25 日
采访地点： 武城县光运老年公寓
采访人： 李　龙　宋执政　杨向瑞　孟　静
被采访人： 陈洪浩（男　80 岁　属龙）

　　年头不好，国民党在这儿，鬼子又来了，两庄乡蒋庄，武城南。当时我在家，灾荒，旱，旱得谷子不长穗了，棒子长得这么高（一米多高），都旱死了，旱到七月，七月七下的雨，耩棒子，下了七天七宿雨。俺院有个小妮叫七雨。

　　俺那村的，两晚死了三、孩子，别人家也有死的，见不着得病的。（症状）那时小，不知道。挺严重的传染病，俺村死人不少，大人没事，光死小孩，那时村里一共百十人，死了五六个，邻村不知道，哪有治啊，没治。旧社会不行，有中医，看不起，小孩吃不进中药。

　　俺婶子可能得的那病，在槐树底下躺着，扎针放血，好像好了，不知道放出来是什么血，下雨之前得这病的。生了小孩就扎针，怕抽风。旧社会全这么着。我看那儿躺着扎针，没听说过日本人扎针。日本人没进过俺村，去过杨屯，散过糖，没见过日本医生。俺家也逃荒了，上东北去了，俺娘、妹妹、兄弟，去了，我在家，没去招工。

　　听说是霍乱，没什么印象。老百姓都这么说，就是挑，放血。

　　喝井水，没撒细菌那事。鬼子在时发粮食，发豆面、棒子面，有当乡长的给发。蝗灾时村里不管。

　　棒子长那么高，一下霜冻死了。地里都淹了，下雨下的，这儿没河，哪个村洼就往哪淌水。春天来的蝗虫，在旧社会没药。国民党号召人，拿着竹竿轰。

采访时间：2008 年 1 月 25 日

采访地点：武城县光运老年公寓

采访人：李 龙　宋执政　杨向瑞　孟 静

被采访人：高立春（男　81 岁　属龙）

高立春

家在李家户公社巩庄。

（当时）饿死不少人，没下雨，旱了好几年，一亩地收 40 斤，没粮食，大风刮的。风刮的，棉花都死了，连着好几年旱过了灾荒年就下了，风调雨顺了，过了灾荒年三年，就来了丰收年，那时靠天吃饭，靠天。

记不清有没传染病，死了就死了，就埋了，谁管这啊。那时没医生，没听说过扎针，那时饿得人皮包骨头，不敢出远门了。没钱只能称半斤粮食。那时饿死就饿死，那嘛病没有啊，饿死了，得了病也看不起，很多浑身发烧。害病的人找人挑挑，找人会挑的人挑挑，扎扎针，放放血就轻快点，红色的，也有黑色的血，黑色的血不多，就比红色的暗点。头痛，浑身发烧，挑挑就好了，死了就死了。

采访时间：2008 年 1 月 27 日

采访地点：武城县滕庄镇五屯

采访人：李 龙　宋执政　杨向瑞　孟 静

被采访人：吴玉文（男　84 岁　属鼠）

吴玉文

（当时）十八九岁，冻死棒子，大旱，七月十五日下的雨，下了两三天，不大。日本人进中国时下了 40 多天。1943 年那年也上水了，是雨水，下雨下的，不像现在蓄洪这么厉害。这里到赵关以南都洼了，天降雨，上的水，棉花开了，泡水饱起来。

在武城那儿有沙河头大堤，那儿的老百姓受不了，扒的堤，放水，听说净挖的，他在那儿压着不让扒，这儿水就来不了。没听说过日本人扒堤，听说过铁窗户决口，十一二岁听说，1937 年、1945 年决过。

在老城东面，没得过病的，万文仁，小链，死了两兄弟，不知得什么病，也记不得，村里死的人不多，他爹也害怕，死了。有长白疙瘩的，没有打防疫针的。没出现过这事。喝水喝井水。

有逃荒的，上东北，逃去的，不是抓劳工，抓劳工上北京石景山，都回来了。有一个没回来，姓王的，儿叫王金宝。俺村去好几个，二屯的头领着去的，说的那么好，去了不好。日本人进过村，开会，点棒子，烤火。日本人没发过粮食。没见过穿白大褂的日本人。

采访时间： 2008 年 1 月 27 日
采访地点： 武城县滕庄镇五屯
采 访 人： 李 龙 宋执政 杨向瑞 孟 静
被采访人： 张秀兰（女 80 岁 属龙）

张秀兰

上南面卖红薯，没吃没喝，天旱，上过水，想不起什么时候。没听说过传染病，光听说过霍乱病。

有过棉虫也有过蚂蚱，想不起什么时候。在北边有个河，河开的，不知道怎么开的。

山东省菏泽市

采访时间：2007 年 7 月 14 日

采访地点：菏泽市

采 访 人：张文艳　李　娜　张　敏　祝芳华

被采访人：孔凡照（男　78 岁　属马）

　　　　　孙传法（男　85 岁　属猪）

　　三角花园一条街上死 40 多口子人。使个人送信都不敢，要两个人，怕死在路上。十七八的时候，感觉恶心，那个疯起了好几个月，到不了医院，扎扎，扎得晚了就死了，撑不了就死了。头痛恶心干吐，长疗红点点后就发黑，前心后心手心脚心头顶，挑破一冒血就好了。以前没得过，有半年吧，春天厉害，秋天轻点，就这个时候，从割麦子开始，天冷点就好了，细羊毛样的，叫羊毛疗，谁都不知道，医生都看不出来。也不知道搁哪过来的。这个病是一九三几年的时候。有发疟子的，一阵热一阵冷。

　　十二三闹贱年，蝗灾把粮食都吃了。

　　日本人让小孩遛遛马，带个水果糖给小孩吃，腰带上带个小红布袋，有个符，信神到庙里去拜神，不毁坏。他给打防疫针，都不敢打，专门出来给打，都怕，针是好针，大城门底下弄上消毒粉，从那过就消毒了。他个外国人能打什么好针，都跑不打。打仗的时候他毁人，安生下来就走了，国民党给他撵走了，瞅着个机会才来的八路军。给你个良民证，有照片，家里也去过，猫狗都没有。

采访时间：2007 年 7 月 14 日

采访地点：菏泽市

采 访 人：张文艳　李　娜　张　敏　祝芳华

被采访人：张修身（男　80 岁　属龙）

民国 32 年这里是县城，老家是郓城，民国 37 年地震。我才 8 岁，不大记事，那时候天灾人祸都有，旱灾、洪涝每年都有，黄河开口子，旧政府对黄河治理不好，把老百姓的房子冲塌了。

民国 32 年，我还上小学的时候，上的是汉奸小学。日本人到处安据点，下乡清粮、清鸡、清猪。县城有二三十个鬼子，下面就只有汉奸，挖碉堡。

有汉奸乡长和八路军乡长，给八路军办了好多好事。

庆丰南路连年歉收，颗粒不收，吃树皮，把家里的家具拿来换粮食，一个坏桌子也就换 30 斤，青年妇女来换粮食，过几年又跑回来。那时也是生活所迫，没饭吃，咱这个地方比他们好，一亩地收一百斤粮食吧。

死了有三分之一。1943 年后来下了些雨，老是下雨成灾，下雨之后，就怕西南水，东明有水，再有菏泽县，再淹巨鹿县，水把庄稼淹了，到膝盖。下大雨在七月份年年有，前半年旱，后半年涝。七月份阴雨的时候，有流民从河北来，家家户户都要关门，（防）抢东西。我们那个村子有寨墙，没进去。没什么政治问题，就是生活所迫。

霍乱叫瘟灾，一个村上有七八百人，死了得有 300 多人，抬的时候都没有人抬。其他村都没有。一天两天的发烧，上吐下泻，病一两天就死了。附近有中医，一个村里没有医生，他吃中药，来不及就死了，知道是传染病，抬人的时候就喝酒，拿毛巾，喝酒捂着嘴，咱村都出不去了，人家也不来了，这个病持续了一周。大概是五六岁的时候，从那以后就没了，我家没有。

那时都喝砖井，一个村里有三四十户一个井，井台子比较高。

那个村的据点离我们村有三里地，鬼子还没到俺们那个村子里去。

（很多人）都上东北去，种地有活干，那里地广，俺那个一个村上有十多个，都是男丁。

采访时间：2007 年 7 月 14 日
采访地点：菏泽市
采 访 人：张文艳　李　娜　张　敏　祝芳华
被采访人：赵树森（男　87 岁　属鸡）

当年我在冠城县，在粮食部门上工作过两年，现在撤销了划归莘县了，原来的冠城县离这儿有 100 里地吧。

民国 38 年闹鼠疫，我那个时候在山西受训回来后听说的十来多个，周围的村子也有，总共 1000 多人，死得很快。

我受过军训，八路军那会儿有个叫七团的打仗最厉害的。

1942 年那一年没有下雨，粮食没有收，1943 年是饥饿，饿死不少。濮阳、庆丰那边 1943 年年景好点，有些人撑死了。

都到山东逃荒，那时候是根据地，那时鬼子扫荡过来的，那个据点鬼子住着 100 个人，不敢出来。敌人到根据地去抢粮食，主要是谷子、高粱、豆子。开始日本人吃大米，到后来没法了，也吃高粱了。皇协军、汉奸啥人都有，当汉奸的动机大部分是没啥吃。皇协军发饷，吃高粱米、大米，抢着啥吃啥。

日本投降以后，1945 年来的时候还有鬼子呢，不多，汉奸有好几千人。天皇宣布投降没有投降，苏联出兵后，他没有法了，8 月 15 日正式投降。

鄄城县

采访时间：2007 年 7 月 15 日

采访地点：菏泽市鄄城县大埝吴乡张庄行政村

采 访 人：张文艳　李　娜　张　敏　祝芳华

被采访人：赵永宪（男　75 岁　属鸡）

1948 年 10 月参加工作，当过通讯员，高小毕业。

最厉害的是 1942 年，生蝗虫，从西伯利亚来的国际蝗虫，我记得八九岁，很稀罕，逮着就撵，过了一会儿天上就满了，到了 5 点钟，树枝子上都吃光了，碗口粗的树都压折了，鸡吃蚂蚱，都吓得鸡不敢出来。区里县里村里干部带领着打蚂蚱，用纳的鞋底绑个，高粱见花，谷子出穗了。当时是儿童团团长，盘问有没有汉奸。

大蝗虫跑了，跑印度去了，树都光了，剩青皮，玉米都啃了，光剩秆了。它都吃了。以后，下下子，不到一个月就出来了，小的就蹦跶，一脚就十来个，把谷子高粱都吃光了，咋整啊，就打蚂蚱，都打不及了，挖沟，撵到沟里去了，跑，就用土埋了，再踩，第二天，地下没死的，又把沟掀起来了，挖一米深吧。打死的烧死的一堆堆的。早熟的就吃完了。咱这里还好点，最厉害的是庆丰南路，不阳，就是说三年不下雨，寸草不生，颗粒不收。

旱灾是蝗虫的基础，旱灾之后生蝗虫，三年荒灾 1943 年、1942 年、1941 年，后来下雨解决了。

这是 1943 年，我 10 岁，就你们这些小姑娘，都卖了，有人要，家里的媳妇也卖给人家，她男人变成娘家弟弟，卖给人家当小老婆，男的都饿死路边，我姐姐要出嫁，卖个柜子和五斤谷子，那还没人要咪。

从 1943 年开始好点了，可日本鬼子开始了。那时候城里是敌占区，咱们共产党，就边缘落户。最残酷的是 1942 年游击队根据地太多，他管不了，就安钉子，炮楼汉奸叫铁壁合围，一个炮楼就一个排、一个班，就两个。日本兵鄄城的伪县长叫王文县，皇军就一个排长当县长，他就用汉奸以华制华。

我听老人说叫伤寒、霍乱、内脏病，发烧，上吐下泻，是 1943 年以前，那个时候最严重，得给他治啊，他死了，接着又死好几个，传染得可快了，就跟毛主席说的《送瘟神》，比那还厉害，那中药还熬不好的，就死了。我父亲当时当村长，1943 年伤寒、霍乱死得最快了，天花叫瘟疫。空气传染，血液传染，大便传染，那时候科学不发展，叫快症，羊毛疔没大听说过，传染起来没法治，防不胜防。

山东省聊城市

东阿县

采访时间：2007 年 2 月 1 日
采访地点：聊城市东阿县顾官屯乡西孟村
采 访 人：陈福坤　梁建华　刁英月
被采访人：孟宪义（男　76 岁　属羊）

民国 32 年归聊城县二区，那时也叫西蒙庄。从记事以来，没有上过大水，以前上过大水。民国 31 年旱，民国 32 年麦子还没成熟，到谷子抽穗的时候，有蝗虫。14 亩地可以换四五布袋麦子，一个布袋可以盛 120 斤。13 岁的时候，用四袋半布袋换了一头牛。东平湖那时候没有水了，民国 32 年秋季下过雨，但不深。种上麦子等第二年雨水就多了。从我记事就没有发过大水。耩上麦子以后都大丰收。用木头到东平湖换麦子。

民国 31 年庄上有 100 来口人，没怎么死人。在家里维持住生活的都没有走。走到太原用 15 天的时间。本村上死得不多，大部分都是逃荒要饭的人，从堂邑梁水那百十里地的地方来的。

那时候兴种棉花，不兴种粮食，没有吃的，这边生活不高。王庙以前是一片庙，都在那里住着。晚上在庙里住着，白天到四邻去要饭。民国 32 年一亩地打二三十斤，平时都是饿死的，没有粮食。

民国 32 年春天二月里有生花，脸上都有"麻子"，村上死了两口人。

种过花的都没有长，没种过花的都得花了，说是从牛身上养的。孙庄上的孙如良先生给他们看的病，是中医，那时候没有西医，没有西药，都用中药。"霍乱"年年有，传染，死得不多，村上有一两个。也有的没有，看得晚就死了。听说关外有，咱这里没有上吐下泻的，厉害的第二天就死了。

民国32年有日本人和二鬼子住在庄上。民国32年、33年没有见过日本的飞机。

采访时间：2007年2月1日

采访地点：聊城市东阿县顾官屯乡西孟村

采 访 人：刘小东

被采访人：孟宪义（男　76岁　属羊）

这里没有上过水，靠天吃饭，那会儿不下雨，旱了，聊城西边，从聊城以南，收成不好，出来要饭吃。

民国31年不下雨，麦子不收，没下雨，麦子不能收。过来麦的时候，后来又来了大蚂蚱，把谷子吃得光剩秆，没粮食，遭蝗虫，那年是大灾荒，麦子没收，种了四亩麦子，打了四亩的，一亩打一百二十来斤，四布袋的麦子买个牛，现换现吃，七八口人，都不够吃的。在这儿买木头，拉到河南，到那儿换麦子，那年我13岁了，都参加过。有去山西的，十来口子，我没去。

民国31年有180来口。灾荒年，有上外跑的，有在家的，也有人饿死了。灾荒年来要饭的，饿死不少人，那时逃荒要饭的人不少，西边有人都往这边跑，那边不能种粮食，种棉花，没好天。逃荒来的人都在庙里住着。

那会儿得病不多，都是饿死的。民国32年有一个人八岁时逃荒死的，浑身都是麻子，也起水泡。种的东西都没收。逃荒的时候是春天二月里，秋天也没得啥病的。头几年霍乱也有，得霍乱的不少，我没见过得霍乱的，霍乱哪一年也有，得的人不多，一两个，霍乱也传染。没听说过有得霍乱死的。有霍乱病，上啰下泻，厉害的一两天就是了，是从东三省先开始的。

这儿没上过水，听说过东南五里地黄河水决堤时发过。1958 年以后下过大雨，1959 年也下过。民国 32 年没下过大雨，灾荒年，都旱，不下雨。那会儿死了不少人，死了就往外抬，都是饿死的，逃荒没吃的，饿死了。

那会儿有日本兵来。

临清市

采访时间：2006 年 7 月 11 日
采访地点：邯郸市馆陶县魏僧寨河东马庄
采 访 人：刘京军　赵新燕等小组成员
被采访人：刘光华（男　82 岁　属牛）

我 1945 年入党，14 到 20 岁在临清当小伙计，1945 年三月参加工作，八月帮忙征粮，后来管征粮。当时，以卫河为界，分为临清县、宏毅县、卫东县三块。1946 年在威县待了一年，冀行署建国学院毕业，然后回临清市政府财政科当会计。1948 年整党，在县委当秘书。1950 年以后在临清市政府任财政科科长，1953 年上海华东财经学院学习，1954 年当县委参谋部副部长，1956 年当商业局局长，1958 年冬尖冢当区委书记，待了六年。1965 年上邢台搞"四清"，当了一年半"四清"工作队，年底回来，"文革"开始，当权派都靠边站，站了四五年，1971 年去临西县商业局当负责人。1981 年晋升为临西县县长，1986 年离休。

民国 32 年在临清市财神庙大义街酒店当伙计。听说临清有，农村闹霍乱，临清城里影响不大，没听说有得的。城里没井，也从河里担着吃。当时日本驻临清，家家户户担了水放到缸里，捏点白矾，搅搅，沉淀，上面清了喝。家里有两个缸，这个完了朝那个倒。

那年开始旱，又阴，旱涝成灾，待城里没什么影响。下雨也能喝上开水，喝酒还热酒哩。离大堤有50米，没下雨时，会有水，或多或少，水不断。那会儿跟方桌这么宽的大堤，也不高，有河道，比现在河堤下。推着买水吃，买不及就叫自个人去担。俺都不喝，发水时也喝，枯水期也喝，洪水期也喝。

向东没开口，净西边开口，一个刘口，二中南面，记不清时间，一个齐店周围，里面一弯叫花园，齐店花园开口子了，齐店因为只剩下几户，都并到邢庄了。

我那时候比较宽裕，我的生活在财神庙那条街算上中等。卖酒、香油、白酒，当时他这个店算好的，馒头、青菜、肉也有。城里没逃荒。

采访时间： 2006年7月9日
采访地点： 邢台市临西县尖冢镇尖庄
采 访 人： 徐 畅 马子雷等小组成员
被采访人： 汪计奎（男 82岁 属牛 临清烟店乡堤口村人，来尖庄赶集）

民国32年闹灾荒，人都去河南、东北逃荒。八月下雨还下冷子（冰雹），下了六七天。后来，河水决口淹了。临清河东也开口了，薛圈开了，七八月开的。

在民国32年那会儿，堤口霍乱死的人也不少。那时候不知道啥病，那时候没有医生，没有医生看病死得很快。

老缺（土匪）王来贤经常来，在东北叫胡子，来咱这叫老缺，他成了皇协军头头儿。

采访时间： 2006 年 10 月 5 日

采访地点： 临清市八岔路镇西二庄村（1964 年前以前属馆陶县）

采 访 人： 李　健　李建方　张　敏

被采访人： 王希宗（男　74 岁　属鸡）

　　日本鬼子来以前，家里有六口人，爷爷、奶奶、父亲、母亲、妹妹，一共六口人。一共六亩地，一亩地里最丰产 70 斤，一般都在 60 斤，甚至 50 斤一亩地。棒子一亩地 200 斤。别说吃饭，连喝开水都喝不上。个别人家麦子能收 100 来斤。麦子、棒子长得都挺矮，没柴火烧。地里没井，靠天吃饭，村子里只有两口吃水的井，没钱打井。

　　这一片里没有啥瘟疫，瘟疫主要在卫河西岸，并没到这儿。民国 32 年，南边这里，有辛集，几乎是无人区来，也是饿哩，也是瘟疫。没吃哩，扫草种吃。那年旱，基本没收多少东西。东边这个村六塔头饿死了 100 多人，这村也饿死了 30 多个人。都逃荒去来，都去了天津。

　　先旱，旱了就遭蝗虫。那个时候那个蝗虫把太阳都遮住了。那个时候没农药，不迷信哩，就掘沟，把蝗虫赶到沟里埋；迷信哩，就觉着蝗虫是天兵，上地里烧元宝，纸元宝。

　　日本鬼子来以前没有地主，有三户富农，一家有 200 多亩哩，100 多亩哩，他生活也是很艰苦哩，他 100 多亩地，他就是过哩好一点，还得雇长工。富农李凤媛，一顿就吃三根豆芽，用盐腌腌，光粮食够吃哩，也舍不得吃。吃馍馍时候也很少，也主要吃高粱、玉米，吃花卷。雇工种地，雇工给钱，给几块钱那个时候。日本人进中国前是现大洋，日本人来之后是准备票，准备票和大洋差不多。富农也没粮食借，也没钱借。

　　这村穷，没有围子。这村曾经是土匪窝，他们随便来，随便走，长期在这儿住着。这村里倒没人当土匪。连寨有几个土匪头子，他不抢贫农哩，他抢地主、富农哩。

　　日本人来了以后，伪政府就收粮食。那时候有许多杂牌兵，他们也要。冯二皮、武自修，他们都是杂牌军，都是二十九军退却以后留下来哩。要好几份，鬼子来了伪政府要，杂牌军也要，皇协军也要，后来八路军来了，八路军也得吃饭，借哩，打欠条也得吃饭。后来建了政府又还账了，用公粮抵了。

1943 年八路军才来到这儿，东晋支队，这是正规军队。其余哩就是游击队组织哩民兵，武装抗日。东晋支队的大队长夏碧波在日本人扫荡的时候死在韩庄。这个夏碧波还是黄埔军校毕业的。

日本在东北角这个村营庄按了一个据点，炮楼，那里有个伪团长，叫高登科。在南边，王二寨，那一场杀死了 32 人，死哩也有老百姓，也有游击队员。这里有个日本中队，有个伪团。中队有几十个人。日本人和皇协军一起出动，抢东西，抢牛，见么抢么。这个村里被抢哩就剩下一头牛。他们一来，村里人就跑。也抓人，他那炮楼，他那围墙，都是村里修是我哩。你不干活就用皮带抽，枪托子打。那时候交东西没数。好比说，一个月交十斤粮，吃完了再交十斤。那个时候村里有围子墙，他们把门关上，除非必须出去的，开个证明。要不谁交不上钱也别想出去。要不那时候穷，别说不收点儿，即使收点儿也让他们收走了。

鬼子哩飞机、大炮、枪，我都见过，那时候算先进哩。

茌平县

采访时间： 2007 年 2 月 2 日

采访地点： 聊城市茌平县洪官屯乡摆渡口村

被采访人： 田立龙（男　79 岁　属蛇）

那年大旱，一年没下雨，都跑了，有去胶东的，有上河南的。粮食种了也不收，也分不清是哪一年。种高粱是过了灾年了。

灾年之前，村里人也不多，不知道多少人。灾荒年有出去的，走了多少人也不知道，走的不是挺多的。那会儿还有地主，收粮食多。穷人收成不好，没得吃。那年秋天的粮食不多，第二年春下了雨，才收了点。小孩没得吃，都饿瘦了。过灾年的时候西边的人死的多，有的人饿得走不动就死路上了。小孩都卖了，卖人的不少，有上外边卖的。

那时候家里没有得病的，灾荒年有没有传染病就不清楚了。听说过霍乱，有人得了这个病，后来死了，我见过那个人，这是过灾年以后了。霍乱是咋一回事我也不知道，是听人说的。霍乱是什么症状也不清楚了。

田立龙

日本人杀了不少人，要东西，老百姓不给就杀，那是 1945 年，过了灾荒年之后了。

采访时间：2007 年 2 月 2 日
采访地点：聊城市茌平县洪官屯乡摆渡口村
采 访 人：陈福坤　梁建华　刁英月
被采访人：田立龙（男　79 岁　属蛇）

民国 31 年霜来得早，把高粱刚出的穗都冻了。第二年过贱年，当时逃荒有上胶东的，有上河南的也就是黄河南。

不清楚以前有多少人，现在有 400 来口。除去逃荒，走的不多。有粮食的都不走。村上有地主日子好过，粮食吃不了，埋在地下都沤成粪了。俺四个兄弟，新粮食下来的时候撑死了。那时候在梁水镇集上有收孩子的人市。小孩都卖了，换点粮食。

在庄上叫日本人杀了几个人，日本人问他们知不知道有关刀枪炮的事情，他们说不知道，就把他们杀了。俺这里也是围子。

听大人说有得脑膜炎的，发疹子，过贱年以后听说的。有一个老婆婆到庄上来看她儿，结果晚上得病，就死在村子上了。不记得有上吐下泻，接触的人都没有事。后来她儿子来到庄上把她弄回去了。

采访时间：2007年2月2日

采访地点：聊城市东昌府区洪官屯乡

被采访人：吴昌太（男　82岁　属牛）

吴昌太

　　民国31年这儿是旱，往西旱得厉害，连个人都没有，都走了，逃荒的逃荒，要饭的要饭。那年收成不好，粮食不够吃的，饿死的人不少，用牛皮往聊城贩麦子，回来还是只能换一张牛皮。种庄稼那年没收。一直没下雨，麦子也没浇上，买麦子吃。

　　这儿有出去逃荒的，逃荒的不多，那时有五六百人，走了十个八个的。

　　民国32年不困难，那年下雨了，下半年收成好了，秋天收成就好了。那年死的人不多，没听说过得病死的，也有饿死的，这村一共死了30来个，下来粮食以后有撑死的，得有七八个人，也有病死的，真没病也不知道。

　　听说过霍乱，那时候都叫霍乱，也不知道什么症状。那时候这儿有个医生，看好了一些人。附近别的地方，一个庄死十个八个的，得霍乱死的，不知道传不传染。农村那时候一说死人就说霍乱，没别的说法。听说过上吐下泻的，这儿没有。

　　日本人在这儿住过，大约是民国31年、32年没在这儿。这儿打过仗，日本人打八路军，打共产党。鬼子来过，连烧带抢，是民国33年。见过日本人的飞机，没见过扔东西。

采访时间：2007 年 2 月 2 日

采访地点：聊城市茌平县洪官屯乡回民李村

采访人：陈福坤 梁建华 刁英月

被采访人：吴昌太（男 82 岁 属牛）

民国 31 年大贱年，往西一步旱一步，都出去要饭了。咱这边，往东一步好一步。西边庄都走没有人了。

贱年的时候都要饭去了，打工的打工，下关外的下关外。没收成，庄上有牛，卖皮子。将牛皮割成皮子，到聊城去卖。民国 31 年没收成，收得挺少的。一直没有下雨，麦子都没有耩上，第二年到来聊城买麦子。有逃荒的，逃荒的不多，不割的都走了。那时候，有五六百人，走十个八个的，没大些。

民国 32 年，上半年比较困难，下半年收成好了，下半年到马颊河以西打兔子，割皮子到聊城去卖。听说一共死了 30 来个人。有撑死的，吃多了以后就撑死了。也有病死的，不清楚叫啥，不知咋死的。没有大夫。马颊河以西都没有人了，都逃荒去了。

听说过得紧霍乱死的，不知道怎么死的，都叫作霍乱，死的紧的叫紧霍乱，庄上没有。

民国 31 年、32 年的时候齐子修在庄上，民国 32 年的时候弄到了摆渡口，摆渡口和郝庄都有齐子修的围子。住在郝庄齐子修的抢，单杭洪住在摆渡口。这里有三支队，西北有吴连杰，在冠县柳林东边有吴家海子。

鬼子来过。民国 33 年的时候来收了，打八路军，打共产党。

民国 32 年的时候见过日本的飞机，都到聊城去了，不知道有没有扔东西。

采访时间：2008 年 10 月 2 日

采访地点：聊城市东昌府区北城办事处周集

采访人：王 青 何 科 曹元强

被采访人：耿传英（女 77 岁 属猴）

耿传英（右）

我叫耿传英，77 岁了，属猴的。

民国 32 年大贱年，挨饿，没耩上麦子，第二年就挨饿，第二年春天耩上棒子了。棒子刚上芽，切成块，磨磨子，蒸上窝窝，将掀开锅，三支队来抢，跑了，人都跑，俺跑回来了，窝窝也没了，饿得哭，那时十几记不清，反正十来岁。

那也是民国 32 年，挨饿的在庄后一条路上抬着大桌子，都看说：卖大桌子那人走路都没劲了，回来换了一顿包子吃了，都撑死了，死路上了。赶邢台集，邢台有集，在俺元庄东边有五里地。

大贱年都饿死的，那会有病谁看得起呀？也不懂的，听说过霍乱，那会没医生看。得病什么样？那会儿年龄小，一点也不记得。

大旱，旱了也得有一年，头年里没耩上庄稼，没耩上麦子，第二年春天里才耩上棒子，春天三月里下的雨。我记不清是哪年，都说是民国 32 年有蚂蚱，蚂蚱飞得天上都看不见天，大蚂蚱，蚂蚱很多。春庄稼，三四月里种的玉米。

出去逃荒，大贱年出去一部分，俺家大人出去了，那会上关外逃荒。那时我没出去，小，留个大人在家照顾。逃荒是哪年咱记不清，叫我说几年记不清。

发洪水还早，发洪水我才六岁，水都越长越高，我记得那小，还拍手喜来，小孩不懂的那时，坐着大缸出去，上河沿。日本鬼子光在公道上过，见过日本人，他没上过俺村，三支队去过，那会儿抢东西，到黑把牛牵到里边去藏起来。不记得日本人抓过劳工。

采访时间： 2008 年 10 月 3 日

采访地点： 聊城市东昌府区湖西办事处端庄

采访人： 王 青 何 科 曹元强

被采访人： 郭秀芳（女 86 岁 属猪）

郭秀芳

我叫郭秀芳，今年 86 岁了，属猪的。

民国 32 年九月嫁过来的，大贱年在家里挨饿，大旱，没种上麦子，旱了到第二年过秋才耩苗。大贱年一直没耩上麦子，一年没下雨，到耩春苗，民国 32 年下半年过秋才见么，下半年才下雨，到了六七八月下的雨，下雨能耩春苗。

种谷子那会儿都逃荒，我没出去，都上河南、东平州，把孩子都卖了，把孩子卖给人家当二房。

死的人不少，躺街上死老些人，都饿死了，挨饿再得点病就死了。

霍乱病老些年了得过，没贱年的时候得过，霍乱（这种病），民国 31 年我还没娶时得过，娘家在茌平，见过得霍乱的，腿转，死了，有上吐下泻。我嫁过来时 20 岁，得霍乱的，我那庄上有，俺家没有，死了连女的带男的得有十来口，我那会儿十七八岁。

民国 32 年，蚂蚱那叫蝗虫，都上地里打蚂蚱，地里掘壕，闹蝗虫时我没结婚，谷子一黑天就叫吃光了。

日本人抓劳工那会儿，我姨夫叫抓去了，死了，也没信，不知道叫抓哪去了，死外头了。他姓张，不知道叫什么。

在茌平章台西庄（音）上大水时我不大，十六七，黑燕山来的水叫黑水。民国 32 年没大水。

采访时间： 2007 年 1 月 31 日

采访地点： 聊城市东昌府区幸福老年公寓

采访人：范　云　刘金盼　焦延卿

被采访人：姜永喜（男　73岁　属狗

　　　　　　原籍茌平县城南城关镇）

姜永喜

在这儿50天，上过中专，聊城中专，血型没注意过。

民国32年我10岁，家乡旱灾，没种上麦子。后来第二年就好点了，雨下得不多，平常年景，收了点。俺那个村不是都很穷，没有发现有什么病人、流行病。

那时候条件很差，种什么，种高粱，地洼光种高粱，好种，吃高粱饼子，高粱窝窝，枣树都有枣，枣树那时候不少，比现在多。

民国32年俺那儿没发水，旱，没割麦子。秋天就行了。过去种高粱、棒子，产量少，高粱刚成熟时，气候反常，给冻了。刚立秋时冻了，没打上的又苦又涩。高粱一个秋没有，又没有种上麦子。1943年旱，到1943年接近过麦下雨，大部分种点谷子、绿豆。我家在农村，这些事都知道。没听说什么病，没听说霍乱抽筋。光有旱灾，没有水灾。

日本人没在村里在县城，没在我们村里。土匪有伪子，三支队，茌平县县城就是李继山，是县长不是国民党，三支队的土匪头茌平县是李继山，葡萄寺是张庆林，那时候还有刘旺山，也是伪子，广平也是。那时才10岁，知道不很多，没见过。他们晚上偷牛，偷也行，明抢也行，老百姓都不敢吭，他们有枪，白天也架户，比较富的要钱，不给钱打人。三支队没转移，他都是地方兵，别的地方闹不清。1944年，张楼南英雄村，鬼子借三支队打得不轻，那一年打三支队，群众组织的联访，八路给的枪，不给拿么攻打他们，李继山叫小鬼子，鬼子有小炮，掀开，那一次死伤330个人，有打死老百姓庄稼人。

日本人也没抓过人，英雄村就那一次扫荡，拿枪站岗，不让进村。打死人，英雄村荒几年。没见过皇协（军）经常进村，俺村小且偏僻。整个县城有一二百人。在这一片没有大的抵抗力，日本人主要靠皇协军。

没见过日本人开飞机撒过，造成无人区都在堂邑，现在的冠县。我的县都是以河为界，无人区一是饿，二是有传染病，无人区人死了没人埋，到那草很深。有是说这个村都死绝了，能走都走了，不能走都死了。据说一是饿二是有传染病，啥传染病不知道。有旱灾，有水灾，一是天灾，人缺医少药，抵抗力又差，野兔子都跑。赶到我记事，解放以后，俺那村就编的网，织的网，一天都逮百八十只，1943 年以后造成的，1943 年、1944 年、1945 年底解放，兔子上河西去，那时都记事，几百几十只，一圈逮十几个。这个大网，还不是 1943 年，都在那几年。1943 年就是冻高粱，没棒子，不在一个年。曹连之，80 多岁，号召全村抗日，那时农村有四轮子车，让人用车拉着他，是举人，文武举，曹庄人，现是茌平县屯乡，召开万人大会，号召起来抗日，找范筑先，过去无政府主义，出去了事没人找。民国 32 年旱灾，比今年也不狠哩。

那年造成荒旱，茌平还好点，最严重的在堂邑聊城这一片，堂邑造成无人区，老屯为界，堂邑是个县，1956 年齐子修在那儿住，他的子弟兵，他把县城都占住，梁水镇回民里，离俺这里十来里地，回民里是安伯平（音）的地，常住那里，他连县城都没占到，李继山打着他们的旗号，说他们是真有沟通。

什么叫三支队，都是范筑先抗日，把咱地方这几个所有的不管你什么兵，齐子修他实际上就是连长，他在那儿过去的元庄湾不走了，不跟蒋介石走了，不走了，在地方扩大了，组织下边的兵都有下边的，俺村就有当的。当三支队的没有活着的，现在都 80 多岁，我了解这些人，"文革"后期我当材料员。俺村有当皇协，有当三支队的，俺村田桂龙，三支队的，为什么当三支队之后当皇协（军），谁当过三支队的不当皇协（军），抓你，为嘛呢？三支队都是给八路军对抗的，凡是当三支队的，你不当？不当抓你，都当皇协（军）。

三支队和皇协（军），横征暴敛，有粮食都抢了，磨子都抢。国民党逃难，剩下的就那么些人。三支队主要的司令就是齐子修，下边有个大孝山、老山，亲兄都是北京人，大老山叫单合湖，老山叫单子良。日本进咱这儿以后，把三支队弄散了，最后三支队怎么垮的，把齐子修在济南，共产党使的离间计，都说他反对日本，叫日本把他杀的。

解放以后，其他的散兵都离散的，十支队是共产党的。1945 年，李继山是县城里伪子靶，说说还有伪子。1945 年解放的，围起来打伪子，解放八路军围起来以后，弄老长时间打老长时间，伪子不出来，李继山自己打自己，自尽了。解放后，大老山在离我们 20 里地在洪城枪毙哩。

房道恒

采访时间： 2007 年 2 月 2 日
采访地点： 聊城市茌平县洪官屯乡朱官屯村
采 访 人： 陈福坤　梁建华　刁英月
被采访人： 房道恒（男　80 岁　属兔）

以前还叫朱官屯。民国 31 年麦子没有收，民国 32 年贱年。

民国 31 年的时候，没有种上麦子，也有的种上麦子了。民国 32 年春，庄稼种上了，棒子收了，秋季里也种上麦子了。一亩地收一斗两斗麦子，一斗麦子有 25 斤。好的时候也不超过一百斤麦子。旱的时候也有一二千人，走了三分之一。往东北的，也有往新疆的，也有饿死的，不清楚死了多少人，死得不多，吃糠吃菜的，有病死的。过贱年有死的，不清楚霍乱是怎么回事，没有听说有那种流行病，别的地方也没有听说过。

上过水，十来岁的时候，院子里有到小腿那么深，从西边来的。民国 32 年的时候，河里有水也没法浇地。在郝庄、摆渡口、回民李有围子，北边程庄有围子。

日本也来了，在老范庄住过。真正的日本人不多，大部分是二鬼子。飞机没有见过，在公路上见过汽车。

采访时间： 2007 年 2 月 2 日

采访地点： 聊城市茌平县洪官屯乡回民李村

采 访 人： 陈福坤　梁建华　习英月

被采访人： 蒋顺敏（男　84 岁　属猪）

蒋顺敏

民国 32 年以前，村叫李庄，属博平县贾寨乡。那时有 500 来口人，饿死两个，比外庄少。有到关外的，有三四十口人。头年棒子没有收，没有种上麦子。有要饭过来的，不多。那些年多亏了割皮子。死了不少人，有 60 来口。一般死的，都是生活紧，有年纪的。

民国 32 年以前 10 来年有过霍乱，头天见面第二天就死了。五六岁听说过，那年庄上死了百十口子人。不知道这病是啥样，这病传染。在往后就没有发生过。

三支队咱庄上都有，民国 32 年一起那就有，在这住了一年多。头叫齐子修，姓单的大老山也在这里住过，民国 26 年大老山就在这里住，大老山在这里住得多。民国 32 年三支队都散了，垮了。民国 32 年的时候，咱这地方都没有人管了。

日本鬼子来过，没烧杀么的。民国 32 年以前来过，没有住下，从城里来，日本鬼子好扫荡。

没有见过日本的飞机，见过国民党的飞机，没有见飞机往下扔东西。

采访时间： 2007 年 2 月 1 日

采访地点： 茌平县洪官屯乡摆渡口村

采 访 人： 刘明志　雒宏伟　李廷婷

被采访人： 赵广顺（男　78 岁　属蛇）

民国 32 年，过大贱年。咱这也不下雨，一年不下雨，棒子都还没冒芽，就干了，么都没收，没种上麦子，第二年才下雨，百姓都跑到胶东去了，去胶东是第二年才回来的。越到西越厉害，跑得一个人都没有了，咱村在村边上跑了一半。老头老妈妈跑不动，都死了。

赵广顺

我十四五岁时不记得有霍乱，过贱年后，运河上过洪水，坐上船一口气到堂邑，地都淹了，那时我才 15 岁。河西都没人了，都逃难了。

日本鬼子过贱年后才过来。咱这儿住老齐，他是头儿，队伍叫三支队，和日本鬼子干，日本鬼子杀了四个人，就在我西边的那个院，都死在一起了。日本鬼子没逮过劳工。

莘 县

采访时间：2008 年 7 月 9 日
采访地点：聊城市莘县广电局
采访人：牛庆良 谢学说 王 静 刘 欢
被采访人：杨合清（男 73 岁 属鼠）
　　　　　王忠业（女 72 岁 属牛）

杨合清（右）、王忠业

杨：我在广电局开始负责宣传、政治工作、人事。后来连后勤还分我一块，广播电视技术业务，整个广播工作这一摊我都负责过。

日本人在这里那时候，因为那时小害

怕，日本人那时没少干坏事，为非作歹。

虽然咱没出去要过饭，可家里很贫穷。倒不记得疾病流行，没得病的，日本人没打过针，只记得晚上他为非作歹，防备他们破坏。我们做一些防卫工作，他们偷牛，偷粮食，搞扫荡，光记这些事。因为那时比较小，也不太记事。

民国32年，我刚记事，旱过，生活很艰苦，旱灾很严重，详细记不得，那时小。水灾没有，北边堂邑，听他们说旱得很严重。据说那儿连死加往外逃都成了无人区了，有这个说法。没疾病大流行，这边日本人危害不很大。

就是日本人快失败的时候，飞机扔炸弹炸死不少人，他用机枪，那时有个莘县塔，射得塔上净窟窿眼子，也打死不少人。咱村有个大锁柜（音），有个炸弹扔下来，他趴下了，炸土把他埋了，要扔到他身上他就没命了。不是我亲眼见，这是我听大人说，那时小，现在那个人死了。

王：咱这逃荒有，但是不多，也有往河南逃的。有抓劳工，不知抓哪儿去了，那时小。你问70多岁的老人知道，咱小，他七叔90多岁知道。

他七叔92岁了，记得，日本人都有炮楼，那时叫钉子，钉子哩。燕店区就有日本人，说下来就下来，有伪军。那次黑家上俺家去了，到俺那儿了，敲门，把俺大门、二门都给支开了。俺父亲是党员，那时就参加革命工作了，俺爸在区里工作，区长。俺家有两个地窖子，就是地窖，屋里挖一个，外面高粱地边也挖一个，来得及就藏那里边去，来不及就藏里间屋。这个墩儿一磨，赶紧藏底下，把墩儿再磨过来，盖了他那底下……

日本人啥都要，他啥都给你拾掇走。那一次，我们都跑了，剩俺奶奶在家里看家，俺爷爷牵着牛走了，俺父亲不大在家，家里枪、手榴弹，赶紧藏炕洞里了都让他翻出来，非要盗出来，让家人拉着才没盗出来。

那一回我记哩，俺爹牵着羊放羊去了，那是叫美国白羊，上地里头放羊去，说话不及来到了，藏都藏不及了，大叔说赶紧把你的褂子脱喽，把我的褂子穿上，那褂子脏也看不出来，像他，赶紧埋地上了。他们看他哩衣裳，放着个小羊，还没逮他，要不然得查你是不是共产党，那他们一看这衣裳就放了，这又躲过一劫。

那一次，我记哩，晚上来啦，俺爹吓哩躲也躲不及了，俺没法了，说躲被窝里吧，反这头有我，那头有我妹妹，他待被窝里头。那怪巧哩，俺爷爷听见了说，我领你去找村长，好歹把他们弄走了，没进俺屋里头。要进屋里头就毁了，把俺爹堵屋里头就逮走了。

那时你要反抗就打死你。年轻哩都跑了，要找就找老人，年轻谁敢在家里？牛也牵走，羊也牵走，杀猪，逮住鸡杀鸡。年轻谁敢在家，年轻也躲，上家吃顿饭就走，不是当八路军，这有报信哩，一说他来了，都走了。

采访时间：2008 年 7 月 11 日
采访地点：聊城市莘县农业局家属院
采 访 人：牛庆良 谢学说 王 静 刘 欢
被采访人：耿杰华（女 76 岁 属鸡）

耿杰华

我没文化。抗日战争时，我叔给张建民当警卫员，我父亲在县政府大队游击大队当炊事员。当时都打游击，男人不在家，家里剩我妈、我婶（王玉兰，三八红旗手）、我奶和我在家。

民国 32 年，鲁西北大荒旱，缺雨，麦子没收，家里没吃的，一家人一年一年找不到粮食粒儿，没吃的，我除了枣没吃过，百叶没吃过，啥都吃过了。

那时（闹）灾荒，日本鬼子扫荡，还有老缺粮食，老杂抢，这三个，人民没生活，没法过活。后边大队里有一个袁沃，一个叫张继生哩，那都是地下工作，八路军。有汉奸。那时那个人和现在不一样，那时今天当八路军，明天当国民党，哪边好往哪边去。壮丁天天抓，有民兵，有地下工作者。

　　民国32年，下过一次雨，我好像记得，我那小，我老家回民乡耿楼村，房子都塌了，离这里有20里地，没过马颊河，俺家里房子淹了，都塌了，河里的水淹不到咱那儿，淹西边，听说那时一片水，到不到咱那儿，我们这没发过水灾，淹得不狠。那时我就六七岁。后来再一次，我就大了。1961年、1962也是灾荒年。没听说有传染病，光说饿死的人多。那时水淹到南关。我记不准哪一年了，那时都二十多了，我老头治水去了，差点没淹死，他不会水。

　　下大雨，那一次就秋天，俺的房子也歪了，他家房子歪了，把小屋砸进去，那时房子破，都用秫秸，没砸死。那时庄稼收没收，有没过中秋节不记得了。

　　日本在时，我们那是解放区，没法抓壮丁，他一到那儿就是铁壁大合围，扫荡，烧杀抢掠，那里他抓不住人，我们都跟他干，打仗。那时有地下工作者，俺叔那时是地下工作者、党员，我那时不是。

　　那时有病就得疟疾，说冷冷得受不了，热就热得受不了。我上学那时还有一种病：疥。那时，我上鲁西北抗日游击自卫小学，那时我得病上着小学的，上完又上高小。那时敌占区咱来不了，我在抗日根据地那儿，不知这里情况怎么样。我上完小学，又上高小，我读了三四年，莘县城解放，俺学校就拉到这边来，从解放区拉到燕店来了。我上学七八岁，拉到莘县来十来岁，反正十一二到十五都上学。

　　人被疟蚊咬着，金鸡纳霜治这种病最有功效，那时他们讲这个唻，我就记得了。看这病的多，没医生，到处找金鸡纳霜，就是阿司匹林，药片也找不到，那时八路军一个师级干部受了伤，才开一瓶青霉素，那时叫盘尼西林。发疟疾死不少人，我那发疟子没吃药。人被疟蚊咬或吃东西不小心，最容易得疟疾，那时专门讲这个，我记得清楚。金鸡纳霜治这种病最有功效。得这个病一天一次，冷了接着热。多长时间人体质再好，有很多人很长时间不好，有些几天就好。没听说死的，要得都得这病，传染。蚊子咬了你再咬我，这就不行，现在这病没了。

　　有疟疾，还有疥，疥是手指头里起小疙瘩，痒，痒得撑不了，传染，接触传染，吃东西不传染。那时天潮，农村人尽铺麦秸，麦秸底下潮，学生得这病，村里也得这病，他们跑，日本人来了，铁壁合围，跑，都在地里睡，睡潮了，这个病冬夏都起。疥这种病起米粒大的疙瘩，到后来厉害了就成泡，烂了，不见死人，能干活，就是痒痒。农村用臭蒿子，这草那草配药，抹香油拌土蒿，抹。

解放后没了，那时是民国32年前后，民国32年饿死的多，撑死的多，饿得没啥吃，一有东西使劲吃，撑死了。

那时解放区日本人扫荡，鬼子不住。解放区并不是铁打的，这边是敌占区，这也有八路军的摊子。鬼子这里一钉子，那里一钉子，炮楼，这炮楼上的鬼子一下来，往解放区铁壁大合围，两边打啊。咱这边就是游击队，咱跑得厉害，他跑得轻，咱们就藏在高粱棵里，伸手打他一下，伸手打他一下，妇女，小孩，伸手打他一下。

他们抓人，我给你们讲一下俺那个老师，俺那老师姓张，叫张育材。那时10岁以上孩子都随部队跑了，因为部队保护俺那学校。10岁以下的孩子，跑不动，搁村里每个村给认个干娘。万一有（日本人）消息，把孩子送到他干娘家去。俺这个老师还有俺这个干娘没跑出去，没跟部队走，俺跑了俺干娘家，一看俺那老师被日本人抓住了，老师被日本人抓住以后，他日本人先看你手，有茧子是农民，没有是八路军，再看你身上，有钢笔水吗，有点钢笔水也是八路军，他就这样看。俺老师没茧子，他要打的时候，俺那干娘一看，让我们喊爸爸，喊爹，跟你兄弟快去，搂着他就行，这样把俺老师救下来了。

日本人有没有抢女人？那时女人都放脸上净灰，没一个敢打扮的。

采访时间：2008 年 7 月 11 日

采访地点：聊城市莘县广电局

采 访 人：牛庆良 谢学说 王 静 刘 欢

被采访人：史文义（男 78 岁 属羊）

再早在乡镇工作，再早我教学，干教育。从小时在王凤镇道家村，在洛庄小学上学，在家待到18岁。

我们村没日本人。我见过日本鬼子，俺村里见的，日本扫荡的时候到俺村里，那时日本和皇协军一块扫荡，那时候我才十四五岁，没逃出去，年轻的，十八九岁的，都逃出去了，年龄大的没逃出去，小孩没逃出去。我见过皇协军，真日本人也见过。日本人不高，我亲眼见过。日本人的话咱听

史文义

不懂，皇军的话听懂喽。当时扫荡，地主富农的腊肉、花生弄出来，谷子，还有白布，都拉走，把共产党埋的东西，埋的谷子、小米（也都拉走）。见了共产党就杀。我院一个哥，小日本用刺刀攮死了。他被敌人发现了，发现了以后，把他带走埋在坑里，他不下，往这边跑，这边攮，往那边跑，那边攮，攮死了。皇协军、日本人可能两样都有，穿的衣服一样。

俺村里没有炮楼，那边莘县有，那边莘县东村也有炮楼，楼有高的，有矮的。离俺村50华里。民国32年1943年有炮楼，他抓劳力盖，群众给他盖。我没有，我那时候小。其他村里那我就不知道了，给哪村盖炮楼，哪村出劳力，围着村出，你看窦村，是围着村出，抢东西，抓人，杀人，抓共产党，抓民兵，那看看你是共产党不，他看你是一般群众不抓。谁是共产党，有汉奸报告他，有坏人报告。有民兵反抗，共产党组织，俺那村里共产党组织的民兵反抗。把皇协军百十个人攮出去了，皇协军是咱这边当汉奸的，当时咱老百姓没啥吃的，投靠日本人当汉奸，皇协军都是中国人，农民把皇协军叫汉奸，不抗战，投靠日本，他不叫汉奸叫啥？100多个（皇协军）从俺村里被攮出去了。（民兵）扛着红缨枪，带着棍子、土枪，把他们攮出去了。他也怕人多，也害怕死。烧房哈，我们那个村离那个村叫南庄，1943年合户到莘县，河北省的南庄，把全村的房子

几乎烧完了。日本的"三光"政策啊，杀光，烧光，抢光，不管哪全光。离俺这不到十华里、七八华里，歪房子不烧，好房子全烧了，粮食全光了，杀的人也不少，共产党也杀。

1944 年、1943 年、1942 年，苏村战斗，咱的军队百十个人，他的人多，咱的人少，那一仗死的剩下三个人。他发现咱的部队，他的武器好，咱的差，没有飞机大炮打不过他。被他围住咱的部队，这三个人活下来了。后来，俺村把皇协军撵走了。

1943 年是灾荒年，当时，特别是山东这一部分，咱莘县这一部分，有的村，要饭的，饿死的，俺这个村，饿死了几十口。灾荒年那年大旱，旱灾一年，麦子没收，旱了，不长了。那会儿，农民没饭吃都要饭，要不上就饿死了。那时候我去河南要饭了，逃荒，当年回来，要了几个月，要了半年饭。四月份走的，比这会早点，到河南要饭去，八月份回来，又回王凤镇。那时候不叫镇，王凤。俺这个村始终没汉奸，俺这个村离汉奸十来里路呢。

秋天好转了，高粱熟了，那时候没事了，有水了，不旱了，一是个下雨，二是个打井。下雨，打井不旱了，下雨，不旱了就行了呗。六七月份都下雨，回来就大丰收了，庄稼长好了。高粱、麦子、谷子、棒子都种，收一点，不大行，那时候到秋里收了，就是那年麦子没收，一个是旱灾，一个是刮风，把麦子都刮倒了，不长了，到秋里就收了，五谷杂粮都有。

上个年没收粮食，今年挨饿，春天饿死人。上年、今年麦子没收，到明年收了啊。上年、当年也不行，有的行，堂邑那边，全村饿死一半，500 多口饿死 200 多口，当时有的饿的，在家饿的，不能出去，有的饿得出去逃荒去了，大人、小孩全一块走。有的饿死路上。我家里饿死三口：母亲、妹妹，一个大爷，饿死在河南的路上。1943 年，俺村饿死好几十口，饿了就得病，流行病看不出啥，饿死一部分，撑死一部分。饿，狠吃；吃多了，撑死了。也有得病死的，一般情况下，营养好了就不得病了。

发疟子有。那会里，不论哪一年，哪年都多，没啥吃的，就病着了。

你像现在样，病人很少。见过发疟子，冷里撑不了，盖个被子，后来热。开始冷，后来热，这是发疟子，有死人，不少。霍乱听说了，那时啥病都有。1945年，日本走了。跟那没关系，灾荒没关系。

河南有汉奸，河南三里有个钉子，五里一个钉子，哪能没有汉奸啊！它那没旱灾，丰收。旱灾不是全国、全省，有的地方有旱灾，有的地方没灾。有几十口，二三十口，有上河北的，有上陕西的，有上河南的，不一定，谁知道去哪儿，好要就上哪里逃。

当时要饭的编的歌谣是：中华民国32年，山东河北遭贱年，遭贱年是没法办，妻子老少去讨饭，有的下陕西，有的下河南，外出各地大要饭，出来狗儿一大片，把我衣裳都撕烂。

采访时间：2008年7月11日
采访地点：聊城市莘县广电局
采 访 人：牛庆良　谢学说　王　静　刘　欢
被采访人：袁宝林（男　81岁　属龙）

袁宝林

我老家朝城，我在朝城东南八里地袁屯。在鞍钢当几年工人，后来因为家庭困难，买断了，没工资了，回家务农。民国32年我了解一部分，不很清楚了。

我从小是部队生人，不提那个事了，过去了，太复杂。共产党、国民党里边我都干过，最后归了共产党。我17岁从平原师范，就是观城师范，朝城西南四十五里地，那时不属莘县，现在是莘县一个镇，上到19岁，当两年教师回家务农，光干活。我离开过家，离开远了。我新疆也去过，东北三省、齐齐哈尔也去过，陕西也去过，流浪生活。

民国32年我在家，跟着俺爸爸打游击，没有家。天气不好，当时战争年代，兵荒马乱，大旱年，没收成，秋天丰收，下雨解除旱情，那时没法浇地，从六月开始下雨吧，记不清了，这里它是一种海洋性气候，像这是下着下着停了，停了又下，那时后季不淹不旱，下半年丰收，上半年大旱。民国 31 年一般年头，田上就收 60 来斤，好麦子 90 斤，一般四五十斤。

日本人到处烧杀抢掠，当时日本人到我们村，他的枪我都偷过，我啥都干过，也当过小偷。共产党的信我没少往里送，我爷爷在国民党的，我父亲在国民党的。

民国 32 年前后那几年吧，有得这种病的，舌头黑，不到一天就死。那时治病医生叫郎中，没有真正医生。说是瘟病，有霍乱，这两种病，每个村都有死的。瘟疫沿北城一路吧，我听到的有八十里地，黄河岸上还有。因为我跟爸爸过黄河，黑家偷渡，偷渡这事领导人都记不清楚了。我见过得病的，我邻居就是那个，我没见，找人看去了，没来得及就死了，舌头黑那个病死的，吃药无效。我那老妈妈，她（女儿）的妈妈，她们村，一天死了有一家四个，就那病，没人诊断，传人。三几年不多，那一阵突然发生。解放后就不再有了，就那次，反正就是民国 32 年前后哩。50 多里，80 多里都有，到黄河，那边人说这儿正传人，今天来了，部队说，不行大爷这里不行。俺爸说不要紧，怕死当不了兵，这样我就跟过来了。

当时不好过，瘟疫、霍乱都够严重，瘟疫最厉害，可是这霍乱最快，我见过得霍乱的。有干霍乱，有湿霍乱。得霍乱上哕下泻，有干霍乱，哕哕不出来，抽筋，有的舌头发黑。得霍乱的人，农村医生都会扎，扎这腿上；肚子上扎，扎舌头，扎针，有好的，有不好的，扎得晚了就得死。得霍乱，民国 32 年前后就那二三年吧，记不很准了。那时瘟疫、霍乱这不多，都厉害。他那个干霍乱，光干哕，哕不出来还好看点。一个村厉害的得霍乱死的有十来多个，少得三四个。一个村有三四百人吧。这法都知道了，人就死得少了，他那没啥法，主要是扎针，吃药，吃中药，有好的。这个人抬出去了，一响不出，那个又死了。就这样，很快，一家有死四五个。

我住那儿，解放军、日本人、汉奸，都有，得病穿插都有，他那日本人来了，今天来了又走，明天又来又走。我那一次正吃着饭，那时我正当一个小间谍，到了同楼，吃饭吧，那边枪嘣嘣响了，汉奸来了，日本人来了，那就走吧。日本人军队里边有病也不让咱看，不暴露。日本人没给人治，日本人那时想买小孩，那时来了之后"娃娃，吃个糖"，给我糖。我一想，日本人，没一个好的，不吃扔了。我爸给我使一个眼色，我就吃，防备他怀疑。没见到有给治病的，但听我爸说日本人有给看病，我没见。

日本人不抓壮丁，汉奸抓，带到城里，当兵、抓壮丁盖炮楼，这个我最清楚。我在那里当过汉奸的兵，我跑过去当间谍，调查他们的情况往外传信，没少传了信。那时我见他们抓壮丁盖炮楼，没抓其他地方去的。炮楼离我家一里地就是，两三个，那枣树都拉掉，铺外边当园子，日本、汉奸统一盘踞，在一个地方，他们是一伙。

逃荒普遍存在，有时逃在这村，有逃那村，有的逃三十里地，有的逃五十里地，兵荒马乱，日本人来了咱就窜，他们走了咱就回家。毛泽东说那个麻雀战法一样：你来我走，你走我就来，经常那样，这生活我过了四五年。

原来黄河北边有个龙凤集，那时有咱共产党的游击队。我在家，我往南跑，跑了我又回来，当时一夜五六十里地的跑，那时有病或遭抢全是白搭，又没记着，又没给你记功的，你看我身上还有枪眼儿呢。看从这进去的，从这拔出来的，这找谁记功去啊，没功。

发疟子，那个病年年有，1964年最严重，民国年间也有。那个病浑身发热，发抖，我也得过，我没用别人看，我光喝茶叶水，喝好的。没人传染，那是当时流行的。1964年得的，普遍，十个八个人得，民国有，不普遍。没人传染，我自己得，没人给治。

采访时间： 2008 年 7 月 12 日

采访地点： 聊城市莘县政协办公室

采 访 人： 牛庆良　谢学说　王　静　刘　欢

被采访人： 杨巨源（男　66 岁　属马）

杨巨源

　　疫病流行到不止是 1941 年到 1943 年，那时主要是旱灾、蝗灾，一直到建国前后，1948 年、1949 年、1950 年到 1951 年。到后来基本上是抗美援朝时，美国在朝鲜使用细菌战，他就是用鼠疫，还有霍乱，黑热病、霍乱，那传染，就这种病菌病毒，通过炸弹爆炸以后。

　　日本人不把中国老百姓当人，没有人性，烧杀抢掠奸淫。后来听说在鲁西北搞过细菌，这是听说，具体咱闹不清，主要在冠县那一带、临清那一带，咱这儿没听说，后期也出现过传染病，但具体是不是这搞的，这都不清楚。那时病是医疗条件很差，不知道什么病就死了。

　　当时不止三种病，黑热病：肚子大，人瘦，慢慢瘦死，吃饭不大行，发烧，传染，咱说不清，据说日本散布这种病菌，这里以前没有这种病，为啥日本一来这种病出现了呢？这就怀疑他，后来怀疑日本搞细菌战了。鼠疫：不能吃饭，发烧，主要症状是这样。不论大小，男女都得，黑热病也这样。白喉：主要是小孩，就是呼吸不大好，喉咙眼长了一种白色的东西，最后基本上憋死，嗓子眼长满了，就憋死了，咱没见过这种病人。疟疾，通过蚊子传播，疟疾以前也有，农村叫发疟子，打摆子，忽冷忽热。前三种原来没有，是新病。黑热病灾荒开始有，后来 1953 年、1954 年才消灭这个病。那时候一些慢性病就不说了。这三种病原来都听说过，还有霍乱，这是历史的，自古就有，这不是新的，但当时得这病的不少，上吐下泻，像原来《伤寒论》就是讲霍乱的，霍乱流行过。这些传染病都有，建国后，国家也出了很大力研究这块。

　　还有肺结核，抗战时期也有肺结核这种病。抗战以前不多，这鲁西里肺结核多，原来不多，有些病是原来少，后来多了，有些是原来没有，后来有了。

当时因生病死了不少，生病只有等死，医疗条件都没有，只有八路军有后方医院。咱这个西北，王凤，隔着冠县这一带，日本人从来不敢去过，那里是沙荒地，树多，树林茂密，沙荒地不易种地，树多，树茂密，日本人不敢去。所以晋察冀的后方机关，像后方医院、兵工厂，这个银行，这些机关都是在那，莘县是老区，主要是王凤。

农村生病，穷了生病不知咋着，不知啥病就死了。当时人最怕传染病，像鼠疫、疟疾，人传人啊。大规模的病没有。那时，基本从1941年到1945年是抗战最艰苦的时期。莘县这边解放得比较早，南边有解放的，莘县是1944年解放的。

那会儿死哩人不是很多，主要有外流的，逃荒的。人都不在这个地方了。那时听人说有的地方是死哩死，走哩走，没剩多少人，没有吃的，再有病，那都死了。那时往外逃，有往陕西走，有哩往东北走，反有一点儿办法，有个亲戚就投奔去。要走一家全走，啥也不留。那时群众没家产，就一破房子，无所谓，门也锁不死，就行走。

1943年旱灾那时也是听他们说，连续几年旱灾，整个夏天一滴雨没有，很严重。在当时不能浇灌的情况下，粮食绝收，上年没有余粮，这年又不收，没得吃，剩点粮食就被蝗虫吃了。蝗虫来，我听他们说，我没见过这个场面，人说吓人，整个天都半黑。原来没蝗虫，忽然一下子就来了，人家说起来像云彩把太阳都遮住了，下来以后，这一片庄稼一会儿就完，光剩秆。当时都是手动灭蝗，灭蝗有办法。当时，八路军跟当地哩地方政府也组织灭蝗，没好办法，没有药，后来有药。除了人工打或扫帚、破鞋底拍打，再一个挖沟渠打，挖个土沟，把蝗虫拍死埋了，有很多。蝗虫为什么突然出现，现在科学家也没一个很科学的解释，现在黄河入海口到东营，有时候说上来很快忽然间就来了，群众这有神话了。当时因饿死的人不少，没能力外出的挖草根，揭榆树皮吃，那些东西不行不能吃，实际那些人不一定饿死，很可能吃那东西吃死，逃荒路上有没饿死，咱没听说。

日本人扫荡抢东西不是主要的，因为游击队搞得他不安全，他扫荡扫荡八路军。日本人不缺吃的，抢东西都是伪军，伪军是这里的人，抢东西，知道哪儿有钱，抢了东西他是顾他家，日本兵一般不抢，就找八路军。八路军逮着以后活的很少，也不管那么多，那时是当场处死。当时有一个农民，他没跑及，往柴火垛里面去，日本人往柴火垛里攘他，他不把中国人当人。

历史教科书上都是有根据的，县党史办也整理过一些资料，一些受害家属后来整理哩，当时没这。毒气弹这个有，像苏村游击战，八路军一个加强连狙击了1000多日伪军，为了让咱军区机关转移。那是平原，不是山区，狙击1000多日伪军。八路军武器，步枪、手榴弹、机枪，人家是飞机、大炮，后来又有坦克，狙击了十几个小时，最后军区机关撤退了，安全了。这边撤不下去，堵在村西，那边就是不投降，就跟他干，他放毒气弹熏晕，然后一个个杀死，战俘全死，八路军他不留。因为八路军对他危害很大。

有一些抓了一些民工弄到东北挖煤窑子，这都民工，八路军没往那儿去。一个连多少人没准，在战争年代，八路军正规军也没准。按正常现象，一个连该一百多，但实际上三五十人。国民党军队抗日，国民党军队在前线狙击，不行就往后退，咱在后方，八路军在后方，前方到后来到武汉那儿去了。

后来日本兵前线需要人，都撤走了，开始一个县留三个五个，后来全都走了，只剩汉奸。很多人当伪军就是为了升官发财。日本许给他升官发财，许给他，你当个小队长，给你多少钱，你不当就杀你。一个为了活命，两条路，当伪军，再一个就是杀了你。伪军是帮凶，很多伪军都是无奈，是没法办，走投无路，只有那样办，说我不当伪军就死了。有些伪军都是内部的，解放莘县时，有几个当伪军，刘仙洲，伪政府的县长，实际上是共产党的人。他日本出去打仗，伪军在前面，伪军配合他，像弄个地雷啊，那是伪军。

　　1943 年五月，灾荒，没有粮食吃，张鲁驻了很多部队，有回民游击队支队。因为那里敌伪不敢去，部队都在那里驻着。部队多，耗粮多，有些投机倒把的，一旦听说哪里粮食贵就朝哪边运。当时张鲁回民游击队组织运粮大队，上冀鲁豫边区菏泽要粮，向他们提购粮食，那很难运，因为当时有敌占区。白天不能运，晚上运，推洪车，这是洪秀全发明的木辘轮，就是独轮车，重心低，两边展，中间滚轮有个木架子，把它包起来，有利于长途运输，车子稳，装货多。

　　咱们县卫生志没编过，水利局有没有水利志，我不记得了，水利志不管那，主要讲河流来源。当时主要用独轮车运粮。

　　莘县是个老区，为啥老区呢，莘县有些地方是日本人伪军他从来没去，像王凤，再一个莘县解放比较早，1944 年解放。你刚才提到的抗旱。这 1943 年旱，当时地下水位高，打土井。

　　（杨巨源：原籍山东省菏泽市巨野县，北大中文系毕业，曾任莘县政协副主席。）

采访时间： 2008 年 7 月 12 日

采访地点： 聊城市莘县莘城镇后杨庄

采访人： 牛庆良　谢学说　王　静　刘　欢

被采访人： 杨金堂（男　92 岁　属蛇）

杨金堂

　　我没上过学，就在家干农活。我没出去过，那时都是在家做活。

　　民国 32 年，旱、淹，先淹后旱。哪年淹？咱不识字也不记这个。淹的时候，日本人来这里了，淹的时候咱这家前唱戏，担了个棚。那时县长是刘仙洲，他待这坐着，我给他扇扇子啦。走那说兄弟要扇子，就接过来了，我去了呢，说给你个扇子，我拿不住，那你接他的扇子，你得给他扇扇子。

当时淹是来的水，从西南来的水，北边那叫老漳河。那时发水灾没治。你要不打堰呢，没事，它不淹你。他们说年数不少了，这年打个堰去吧，打了个堰，这口子就从那开哩。就给个锅，打个口子，你不打不淹，越打越淹。那小河沟挺窄，上游那边雨大来的水。

哪年咱不记得了，鬼子在这里，鬼子来二三年了吧。那时就这时候八月里，收秋了，进咱村，我那见过，见洋鬼子就在县城住，日本人就十来个，就是汉奸。咱中国都是好人家。日本人，谁也不懂他说话，呜哇呜哇的。你看见他得给他施礼，不施礼他掂枪吓唬你。反日本人一来，都躲去了。我见过一次杀人，那是日本鬼子一个场馆，一看见来了，一看那边儿来了，就打开了，八路军就被他逮了两个，用柳条子绑你手腕，那时候枪砸的时候先砸腿，但是一摆头，那日本人的枪就来了，把那两个人脑瓜子打了，枪往上打，脑袋瓜打乱了。

杀人在南关那儿，谁看见谁害怕，挖个坑，让咱这人站坑边上。他掂着枪一喊，意思让你站直挺直肚。"噌"一家伙就攮你心口了，用刺刀攮，打死了再使刺刀攮。杀死的那些人尽是八路军。

杀八路军，都是洋鬼子、汉奸，日本人的狗腿子。汉奸多，莘县城里就二三十个洋鬼子。有粮食都藏起来，光怕他给你祸害了，都不往外边放。汉奸、日本人一样，人是一样，你分不出来，日本人跟咱这人一样。是日本人都戴铁帽子，一看戴铁帽子都是日本鬼子，不戴铁帽子都是汉奸兵。

大水后大旱，多长时间之后大旱咱不懂哩。灾荒年不记哩，尽些土匪，灾荒年过贱年，不记得，这里不是很严重。那时咱村也没逃荒的。那时河南往这儿逃的很多，咱这没逃过荒。

咱这边没有传人的病，有些病都去医院。传染病那时得发疟子的多。现在没了，原先多，多少年了，没有了。就起这防疫站拿点药，就得马上不发，吃他药就不发了。那会儿发疟子的多，向防疫站要药哩不少，那时也不要钱。

咱这大旱的时候有蝗灾，生蚂蚱，正鬼子在的时候生蚂蚱。拍死沟里，一人多深，也有拍死了上地，养庄稼呢。秋天生蝗灾，就这胡同里一圈，一看一群群哗哗往南飞。现在都打药了都没了。现在啥虫都没了，都让药药死了。那时庄稼没打过药，那时那麦子、棒子没打过药。蚂蚱打药咪，大虫就没了。生蚂蚱之前就那一次，旱得比较明显，旱得不轻，先淹后旱，上边来的水，咱这里下雨不多，都打堰去了。你不打堤，他不愿意，他说有年数了，打去吧，越打越淹，各村联合起来往卫漳河那儿打堰。

采访时间： 2008 年 7 月 13 日

采访地点： 聊城市莘县朝城镇新街

采访人： 牛庆良　谢学说　王　静　刘　欢

被采访人： 于忠祥（男　85 岁　属鼠　朝城县文艺协会主任）

于忠祥

　　我老家就在这里，我四个儿，二儿当支书了，有心脏病死了。我 1982 年退休，我从头开始给你讲。

　　我家是贫农，一分地没有，斗争以后才分了二亩地。我家有三口人，我父亲开始是在杨勇部队修理所里当会计，在西北刘庄住过，我也去过，到我父亲那里，我们两个，我回来了，跟我母亲两个人，旁的没人。东街是我外祖母家，都分开家。那时家里穷，我就在那里和土坯打墙。那时我才十几岁，那时穷不是，大人拉着我敛敛土担个水。

　　后来，日本来这里朝城扔炸弹，我就在街口干。我在街口那一家小破庙里，满满的人，有可能歪。当当当，一下摺了三个，炸了个坑。有个叫二马腚哩，有个叫于庆营哩，跟我不是一家人家，算族里的，于庆营他是炸死坑里了，那个叫二马腚的，一个炸弹，炸得血肉模糊。那一年是日本进中国，没到朝城呢，扔完炸弹以后，炸死的不少。炸弹，要不那时编了个歌嘛：

> "十一月初七店儿势低，从正北来了两架小飞机，飞机来在咱头上，轰隆隆扔下几个炸弹来。先炸耶稣堂，后炸福荣昌，福荣昌遭了殃，三间瓦屋炸了光，炸死张宝一只牛，一块牛肉没思量，炸得粉碎……"

后面那我都不会了。耶稣堂就是美国鬼子，福荣昌是个钱库，钱柜炸烂，钱出来了，人都拾钱去，我拾了十块钱，那会儿十块钱，跟手指头样，一小捆。俺那逃荒啊，日本来，那十块钱，就上东南亲戚家逃，往东南。他那日本过去进来，都逃荒啊。

民国 32 年，大灾荒，饿死很多人，吃嘛？吃草，吃了又吐，吃麻秸。饿死人很多。那时是没能力又穷的都饿死了，没人管，还顾不了自己呢。西北刘庄那个周指导员，日本来了扫荡，站不住脚，让我母亲把他领回家来啦。都没收粮食，旱年，要不旱能不收粮食？灾荒年是民国 30 年，粮食也没收。饿得死很多人。咱这不记哩下大雨。我那小，不记得。蚂蚱？不记得。那时候小孩光顾吃的，吃糠窝窝，高粱面，掺着糠，想法找着吃。榆树叶都吃光了快。逃荒，人有本事准往外逃，哪去的都有。东边有亲戚往东去，北边有亲戚的往北去。

我那时小，听人说，有过传染病，我不记得了。饿得跑不动了，他就慢慢的病了。

发大水，高粱地里露着高粱穗，你说那水有多深吧。水从西南来的，高粱就剩个尖，灾荒年那一片儿。具体咱记不清了，地里都淹了，那时有城墙，两丈深的水淹不到城里。怎么发大水，咱就不知道了。这水咋着来哩，咱就不知道了。反正从西南过来的，一篙撑船到聊城，你看水有多大吧。西南那边下雨咱就不知道啦。河里的水，不是下哩雨。

日本人抓人干活，我还被抓了去修炮楼了，尽搬砖。抓着谁，谁去。管饭？管你两巴掌。我饿急了，拿他米饭，日本司务长坑次打我两耳刮子。杀人他不让我见，日本人拉了乡里住去，打死的人拉着，脚奔拉奔拉。

民国 32 年，朝城饿都饿死了，大部分落不上吃。那会儿地主少，穷人多。他落不上吃，他不饿死。有病，没注意那病。那时我就窜了。

我没听说过七三一部队，我一共待了二年，后来的话要越拉越长，越说越多，我是咋着出去哩？我搞地下工作，我没法了，上汉奸公安局当兵去了，朝城汉奸公安局，当兵以后，我那表叔，他是河南省东街城里，姓江叫江学雁，小名叫明晨，这是我表叔，是河南省解水人，他假投文大可来哩，叫文大可活埋了。他待那里，一来人，就跑了。他是个连长，也是个老共产党员，没来日本前，国民党就拿他，这一片没几个共产党员。抓他，跑天津去了，到天津停不住脚，又回来了。在河南汉沟县啥部队啊，当指导员。把俺表叔抓起来，我就窜了，要不抓他，我出不去，抓走以后活埋了，就那会。

到后来文大可，原来吴文奇，来咱这里叫文大可。上将军他那是六个院，文大可住当中，八路军晚上摸进来，住里地方抓不来，听他们说画着记号出来了。

我是新四军，那时在江苏盐城。我是文化干事，像打拍子唱那个歌我全都唱起来。（老人唱《三大纪律 八项注意》）我在那里专管教歌。谁不会我专门教你，文化干事专管这儿。我还负责写标语，弄宣传，进村后拿个白刷子，写了后再宣传。

我在部队发的疟子，水土不服，那里就喝河水，在江苏盐城都有。俺给国民党干呵，从高邮出发，一个小气划上七八个人。那时我是一个旅，过去了高邮，老人都知道。发疟子，别提了，我发了一年多的疟子。有霍乱，光知道霍乱病，我没得过那病，光发疟子，啊呀，瘦的，别提了，冷冷冷打哆嗦，热得出汗。

那时就我自己发，那时部队也有发，不能说只我自己。那时水不行，河水，上游里他就搭一个木板桥，上里边淘大米去，这边淘了米，往桥上倒，咱可不给当官的说，咱说那咋，他待上游哩，咱待下游哩，淘大米的待上游哩。日本人来之前就有疟子，后来没了。

　　鬼子缴枪投降后走了，比 1945 年早，上阳谷走了。没鬼子就没汉奸了，有那个治安军，是汪精卫的队伍。文大可都走了，日本就换治安军，治安军后来也走了。

采访时间：2008 年 7 月 13 日
采访地点：聊城市莘县广电局
采访人：牛庆良　谢学说　王　静　刘　欢
被采访人：鲁金源（男　84 岁　属牛）

鲁金源

　　我上到初中一年级。1944 年 4 月春天参加工作，莘县都没解放呢。俺这东南角是阳谷，西北角是莘县，西南角是朝城，俺这地方是中央，主要是搞地下工作。我搞地下的工作，就是在农村组织发动群众，组织农会。我以教学的名义参加工作，小学教师，当老师，做地下工作，发动群众，搞抗日战争。一个就是组织农村交纳公粮，给八路军送粮食吃。

　　那时汉奸，是国民党时期，国民党不管群众。确实那时是大灾大难。但是我参加工作的时候呢，开始不敢公开讲，秘密地讲：八路军是为人民服务的，是解放群众哩，给穷人服务。八路军有便衣八路军，我这就是便衣八路军，做八路军的工作，是以教小学为名。

　　民国 32 年不像个样子，穷得很，农村连个树也没有，光光的，房子连砖也没有，都是土房子，墙是用土墩起来的，梁瓦也没有正么经儿哩梁瓦，那都是棍子搭起来哩，这是穷人家。可是那会儿，穷人最多，地主地主富农很少。谁家的房子好一些呀？像我们这没有富农。那时农民很苦，苦到哪种程度呢？要吃的没吃的，要穿的没穿的，要烧的还没烧的咧。做饭，烧的柴火都没，也没树。从前种高粱、谷子、棒子（玉米），砍那个秸子烧。棉花、豆子，沤那个根烧。很惨，那时候，特别是32年大贱年，大灾难那年，饿死很多人。

灾害的情况那别提了，从前的树皮扒了，那时没大树，有小树，你看树叶子吃了，那也不行，生生饿死多些人。逃荒也没地方逃，普天下恐怕都是那个劲儿。那一年就是没雨粒儿，没下雨，天旱，麦子没收一点，从那饿死哩人。可是地主有粮食，往外贷粮、贷款，吃一斗还三斗。我那时饿得不行了，也贷了一斗谷子还了三斗。我们家算是没饿死人，俺这后头，我四个大爷，饿死了三个。大旱持续了一年多，到秋天以后下雨了才好了。那时没人管群众。下雨了以后，有地里就收成了，慢慢就过来了。有时大雨还淹，十年九涝灾。那时下的暴雨，才大啦，跟盆泼的一样。下那个雨看不见人，大雨才厉害哩。

民国32年叫大黄旱，黄旱就是干旱无雨，庄稼生生干死。那时没有井，就个小砖井，砖井都干哩没水了，人吃水也没了。除了干旱，还有蝗灾，蚂蚱才厉害的，遍地净蚂蚱。草、庄稼都给你吃光，也是带来灾害。大水是几年哩？不记哩啦。俺这村里打堰，村儿不大，堰外也就能过船，也有下哩水，也有抗日战争时国民党放哩水，那时抗日战争开始放的水，从黄河决口，掘开黄河了，俺那村儿。黄河在南边儿哩，在范县那哩。打小就在这里，没有逃荒，从前就两间屋。咱村儿在黄河北里，黄河在正南范县。发大水，那水是从西南来的，往东北走。也有下的，也有河水（黄河里的水）就俺村前边能过船。一米多深。那时上水时谷子，高粱，高粱一人多高，发大水也就是阴历七月吧，阴历七月十八号这个时间。

传染病那叫霍乱疾，瘟疫，发疟子，那才多味，那个病。霍乱疾最厉害，拉肚子生拉死，就是上大水那一年，在大旱后边。那时莘县没解放哩，蝗旱时候也没解放，上大水也没解放。

霍乱疾俺这就死了一个，我亲大爷这样死的。那个病的情况是又哕又泻，上吐下泻。那时没人看病，没有看病哩，就这生生的拉死。很快，一晌就死了。怎么得的？可能是吃的不好呗。吃什么带菌东西，吃进去就不行。

咱们村得霍乱的多吗？有几个得哩，没大死，不很多。俺村可能是，也有拉肚子的，不大厉害。俺这个东北角张庄，有一个土匪探长，贺团长摆大席，他去吃那个大席，就是伏天。他吃大席回来得这病死了，跟他一块吃席的也应该有得病的吧，咱不清楚。瘟疫，跟发疟子一样，也不能吃饭，浑身发寒，发冷这样的病。得霍乱那个病，舌头发黑发挺，很长时间，也有好哩。发病的没有点劲啦，慢慢的也养好喽。

日本来这村里没杀过人，烧死过人。日本人，他说这是八路军，用秫秸，从前用高粱秸，焙了里头，烧死了一个。有哩青年，他一来就跑，跑了没好人，把他捆上，用树秸焙上，把他烧死了。日本人很孬，汉奸多。鬼子可能没多少人，卖国贼多。

阳谷县

采访时间： 2008 年 9 月 30 日
采访地点： 聊城市阳谷县郭屯乡西韩村
采 访 人： 祝芳华　何草然　王海龙
被采访人： 韩怀延（男　78 岁　属马）

韩怀延

1943 年逃难的多，（那是我）周岁 13 岁那年。汉奸多，他们跟老百姓要东西，吃的用的都要，棉裤棉衣都要。自然灾害很严重，咱这儿也不行，榆树叶都吃，人有水肿，眼都看不见。我当时吃玉米。

旱，到秋后下雨好点了，第二年玉米，谷子都收了。1943 年秋天的雨不小，下了七天七夜，房漏了，雨水泡得墙根都歪了。

流行的是疟疾病，浑身冷，先冷后热，出汗，头疼，没有吐泻。好几家都发了，还有小孩麻疹，天花，出麻子没法看。有霍乱，不多，不知道哪里。

喝的是井水，家家户户都去打水。

日本鬼子抢东西，要粮食，要按时送到，不送到就打人。

鸣　谢

首先感谢所有接受我们调查的老人接受我们的采访及家属的信任与协助！感谢香港启志教育基金、香港惠明慈善基金对于我们的信任和支持！

感谢以下人士和机构在我们长期的调查中给予的帮助：中央新闻纪录电影制片厂郭岭梅编导、山东省临沂市政协崔维志先生、山东鹏飞律师事务所傅强律师、山东省临清市财政局井扬先生、山东省聊城大学历史系张礼恒教授、山东省济南市政协秦一心先生、山东省政协高峰岗先生、山东省社会科学院赵延庆教授、河北省临西县政协杨继平先生、河北省馆陶县政协刘清月先生、馆陶县监察局牛兰学先生等。

感谢山东大学学校团委、社团联合会、历史学院的信任与支持；感谢山东、河北各地宣传部门、政协文史部门、史学界的指导和帮助，特别感谢山东省电视台新闻部张培宇先生、《齐鲁晚报》高祥先生等媒体记者对我们调查的关注与报道。

感谢日本七三一部队细菌战诉讼中国原告团日本律师团事务局长一濑敬一郎律师、中国原告团出庭专家证人近藤昭二先生及夫人不远万里到鲁西地区进行调查；感谢原中国人民解放军四野山边悠喜子女士、原日军第五十九师团战俘菊池义邦、金子安次对我们采访的支持。

感谢河北省邢台市、临西县、南和县、南宫市、巨鹿县、广宗县、平乡县、清河县、威县，邯郸市、馆陶县、邱县、曲周县、鸡泽县、大名县、鸡泽县、肥乡县、成安县、临漳县、磁县、广平县、永年县、魏县、衡水市、冀州市，山东省聊城市东昌府区、冠县、莘县，临清市、德州市、武城县、景县，菏泽市，河南省新乡市、开封市、安阳市、范县的档案馆、史志部门，以及许多单位、个人为我们提供的调查线索和资料以及其他各种帮助。

感谢浙江省义乌市细菌战历史展览馆为我们提供了调查用参考书籍。

感谢清河县黄金庄村、赵店村党支部，冠县南油坊村党支部在我们采访期间提供的支持与帮助。

最后，我们特别感谢中国文史出版社社领导和第一编辑室王文运主任对我们在卫河沿岸进行口述历史调查价值的认可，并作为"重大历史事件口述史抢救出版项目"争取到经费支持。感谢王文运主任带领各位编辑对丛书做了认真细致的审读，提出许多宝贵的修改意见，保证了本丛书的高质量出版。

我们长期以来的调查和调查记录的整理，以及作为我们调查成果的《大贱年》的顺利出版，凝聚了许许多多人良好的祝愿和辛苦的付出，在此我们一并表示衷心的感谢。成绩属于大家！

编委会

2016 年 4 月